三峡库区农业面源污染防治与管理

冯琳 著

中国环境出版集团·北京

图书在版编目（CIP）数据

三峡库区农业面源污染防治与管理/冯琳著. —北京：
中国环境出版集团，2022.4
ISBN 978-7-5111-5023-3

Ⅰ. ①三… Ⅱ. ①冯… Ⅲ. ①三峡水利工程—农业
污染源—面源污染—污染控制—研究 Ⅳ. ①X501

中国版本图书馆 CIP 数据核字（2022）第 009404 号

中华人民共和国自然资源部 地图审核批准书
审图号：GS（2021）6024 号

出 版 人　武德凯
责任编辑　黄　颖
责任校对　任　丽
封面设计　宋　瑞

出版发行　**中国环境出版集团**
　　　　　（100062　北京市东城区广渠门内大街 16 号）
　　　　　网　　　址：http://www.cesp.com.cn
　　　　　电子邮箱：bjgl@cesp.com.cn
　　　　　联系电话：010-67112765（编辑管理部）
　　　　　发行热线：010-67125803，010-67113405（传真）
印　　刷　北京中科印刷有限公司
经　　销　各地新华书店
版　　次　2022 年 4 月第 1 版
印　　次　2022 年 4 月第 1 次印刷
开　　本　787×1092　1/16
印　　张　12
字　　数　264 千字
定　　价　60.00 元

前　言

　　三峡库区是长江经济带的重要组成部分，也是长江流域中下游地区重要的生态屏障，其水环境保护一直备受社会各界关注。2011 年，国务院批准实施《三峡后续工作规划》，要求将推进生态环境建设与保护作为后三峡时代库区的主要任务之一。与此同时，《全国农业可持续发展规划（2015—2030 年）》和《农业环境突出问题治理总体规划（2014—2018 年）》要求将三峡库区作为开展面源污染综合防治示范建设的重点地区之一。在新形势、新任务下，如何提高库区农业面源污染防治的效率，更加有效地解决库区农业发展与环境保护之间的矛盾，已成为当地政府和公众共同关心的重大生态环境问题。

　　本书对三峡库区农业面源污染的防治与管理开展了较为系统的研究。主要内容包括库区农业面源污染的现状评估、典型小流域农业面源污染的动态监测、农业面源污染对地表水体及水源水质的影响探究、肉牛养殖的污染控制与环境承载力分析、面源污染的参与式农户评估、农村污水治理和库区农业面源污染控制最佳管理措施（Best Management Practice，BMPS）框架体系的集成。

　　本书是笔者负责的"三峡库区生态屏障区面源污染防控关键技术研究与示范"项目的研究成果。书中的内容一部分取材于该项目的研究报告，另一部分来自笔者所写的其他课题报告和已发表的论文。本书的撰写得到了项目协作单位——中国科学院重庆绿色智能技术研究院、中国科学院城市环境研究所、南京大学和重庆大学的大力支持与协助，在此表示衷心的感谢。同时，还要感谢中国科学院重庆绿色智能技术研究院的吴胜军研究员和陈吉龙、温兆飞、吕明权老师，中国科学院城市环境研究所的于鑫教授、叶成松老师（现在厦门大学），南京大学的孙平老师和周源伟同学提供部分章节的素材，并对书稿相关内容的修改和完善提供了宝贵意见和建议。感谢我的同事沈大军教授、刘子刚副教授、邸敬涵博士后对书中相关研究的关心和帮助。感谢我的研究生张婉婷、毛馨卉、陈哲祺、许潇男、闫阳雨、杜彦霖、王铜、庞玉亭等同学为本书在资料收集、图件制作等方面所做的努力。

本书部分参考引用的图片和素材因无法与版权拥有者取得联系，故未能署名和及时付予稿酬，望谅。请作者见书后与我们联系。由于作者时间与水平所限，书中难免存在错漏疏忽之处，恳请广大读者批评指正。

冯　琳

2021 年 9 月

于中国人民大学环境学院

目　录

第1章
绪　论

1.1　选题背景和研究意义

　　水环境保护与人民生活、社会发展密切相关，是推动区域水安全、水生态、水文化和水经济建设的重要前提。

　　随着人类对工业废水和城市生活污水等点源污染治理能力的不断提高，面源污染造成的水环境质量恶化问题显得日益突出。世界上许多国家和地区的研究结果已证实，面源污染已成为导致水环境质量恶化的主要原因，尤其是农业面源污染。例如，美国 1992 年的调查评估报告显示，美国水体的面源污染占污染总量的 2/3，农业非点源污染已成为全美河流污染的第一污染源，其淡水系统中 1/3 的氮和磷来自牲畜的养殖和饲料的生产。在欧洲地表水体中，农业排磷所占的污染负荷比为 24%～71%（全为民 等，2002）。据英国环境署（Environment Agency）1998 年的调查，地表水中 43% 的磷来自农业。我国 85% 的湖泊富营养化问题严重，其中农业面源污染占东部湖泊污染负荷的 50% 以上（潘世兵等，2005）。

　　2020 年，生态环境部、国家统计局、农业农村部公布的《第二次全国污染源普查公报》显示，在化学需氧量（COD）、总氮（TN）和总磷（TP）3 个污染指标上，我国 2017 年农业源的排放量（占比）分别为 1 067.13 万 t（49.8%）、141.49 万 t（46.5%）和 21.20 万 t（67.2%），已经超过了工业源和生活源，成为我国水体污染的第一大污染源。

　　对于农业面源污染造成地表水体质量恶化的原因，Carpenter 等（1998）曾分析指出，化肥的过量施用会导致磷在土壤中富集，部分则会转移到地表水体中；盈余的氮会下渗到地下水体或者挥发到空气中并再度沉降，最终也会到达水生系统。国内多数学者的观点认为，农业面源污染产生的直接原因是农用化学品的过量不合理使用、未经适当处理的畜禽养殖粪便、农村地区与城乡接合部的生活污水随意排放和固体废物的随意丢弃。葛继红（2015）认为江苏省农业面源污染中氮和磷的来源有 5 个，即农田化肥、畜禽养殖、农村生活、农田固体废物和水产养殖，它们对总氮排放的贡献分别为 43.89%、33.40%、11.68%、9.11% 和 1.91%，对总磷排放的贡献分别为 20.83%、54.07%、19.86%、0.66% 和 4.58%。中国农业科学院的研究表明，经济作物种植面积大幅增长、畜禽养殖业快速发展和城乡接合部缺乏相应的污水处理设施，是导致水质变化的主要原因（张维理 等，2004）。目前，对农业面源污染的防控不仅成为各国水污染治理的重中之重，也成为现代农业可持续发展的重大课题（尹芳 等，2018）。

三峡库区是指由于三峡水电站的修建而被淹没的区域，范围涉及湖北省及重庆市所辖的 26 个区（县）和 1 711 个村庄，人口达 1 530 万人（截至 2008 年），总面积为 5.8 万 km²，其中农村面积约占 95%。该区域山地约占 74%，丘陵约占 22%，平原和坝地约占 4%，是集农村、山区、移民区于一体的典型生态脆弱区，也是国内外研究水土流失防治、水环境治理、农业面源污染防治等生态环境问题的热点地区。

作为我国最大的战略性淡水资源库，三峡水库自 2003 年蓄水以来，其水质状况受到社会各界的广泛关注。已有研究表明，三峡库区的面源污染占总入库负荷的 60%～80%。长江对入库面源污染负荷的贡献占绝对优势，嘉陵江与乌江的面源污染贡献率仅占 13.4%～39.4%（郑丙辉 等，2009）。来自农业面源的 COD、TN、TP 负荷分别占总污染负荷的 70.8%、60.6%、74.9%（王丽婧 等，2009）。2010 年前，虽然三峡水库干流的水质总体优于Ⅲ类，但局部支流水域氮、磷含量较高，处于"中营养—富营养"水平。部分河、塘、库及次级河流受到氮、磷污染，已经多次出现水体富营养化导致的环境事件。例如，香溪河、大宁河的水位在三峡工程蓄水后上升了 30 多 m，2005 年 3 月、6 月这两个地方曾发生水华，2007 年 TP 均值上升到 0.322 mg/L，库区 7 条长江一级支流——汝溪河、黄金河、澎溪河、磨刀溪、梅溪河、大宁河和香溪河均出现水华现象。2009 年，三峡库区的龙河、瀼渡河、芒溪河、小江、磨刀溪、汤溪河、大溪河、朱衣河、梅溪河、草堂河、神女溪、抱龙河等河流也有水华现象出现。近年来，随着库岸综合整治工程等项目的实施，长江干流水体中 COD$_{Mn}$、NH$_4^+$-N 和 TP 的浓度呈逐年下降趋势，但干流断面中 TP 的污染程度高于 COD$_{Mn}$ 和 NH$_4^+$-N（陈善荣 等，2020）。根据《2019 年全国生态环境状况公报》，2019 年，汇入三峡库区的 38 条主要支流水质为优，监测的 77 个水质断面中，Ⅰ～Ⅲ类水质断面占 98.7%，Ⅳ类占 1.3%，无Ⅴ类和劣Ⅴ类。TP 和 COD 出现超标，断面超标率均为 1.3%。77 个断面综合营养状态指数范围为 24.5～60.9，贫营养状态断面占 1.3%，中营养状态占 77.9%，富营养状态占 20.8%。

三峡库区不仅是我国长江流域中下游地区的关键生态屏障，也是整个长江经济带的重要组成部分。但是，三峡库区的农业面源污染防治任重而道远。究其原因，一是库区农村经济发展水平相对较低，当地政府对面源防治的投入不够，群众对面源污染的认知不足；二是库区地域范围大，农业面源污染的随机性强，成因复杂，形成过程受特殊地形、气候、土壤等多种因素影响，监测、控制、处理和管理的难度较大。

后三峡时期，国家对三峡库区的功能提出了新要求，移民群众对提高生活质量也有着新期待。2011 年，国务院批准实施《三峡后续工作规划》，要求将推进库区的生态环境建设与保护作为后三峡时代库区的主要任务之一。与此同时，《全国农业可持续发展规划（2015—2030 年）》和《农业环境突出问题治理总体规划（2014—2018 年）》要求将三峡库区作为开展面源污染综合防治示范建设的重点地区之一。在新形势、新任务下，如何针对库区的区域特征、生态环境特点、社会经济状况，对农业面源污染防治综合配套技术和管理措施进行研究集成，提高库区农业面源污染防治的效率，从而更加有效地解决库区农业发展与环境保护之间的矛盾，正成为当地政府和公众共同关心的重大生态环境问题。

1.2　文献综述

1.2.1　农业面源污染的形成机制

理解农业面源污染形成过程的影响因素，是开展定量监测、模型模拟工作的基础，也是进行面源防控与管理的关键。

农业面源污染是一个由自然因素引发，并在人类活动影响下得以强化的连续的、动态的过程。从产生机制来看，降水在不同的下垫面条件下产生地表径流，对土壤产生侵蚀作用，在降水—径流驱动因子的作用下，泥沙附着的污染物以及可溶性污染物，进入水库、湖泊、河流等水体，便产生了面源污染。所以，农业面源污染的发生机制主要包括降水径流、土壤侵蚀（水土流失）、污染物迁移转化这 3 个相互作用、相互关联的过程（洪华生 等，2008）。在这些过程中，降水、地形地貌、植被覆盖、人类活动干预下的土地利用是关键的影响因素。

1.2.1.1　降水

在所有的气候因素中，降水与农业面源污染的关系最为密切。因为，降水形成的径流是面源污染物迁移转化的载体，降水强度和时空分布对土壤侵蚀起到决定性作用。但一次暴雨事件并不意味着流域内所有地区都会产生面源污染。因此，很多学者从水文学、水动力学的角度出发，研究作为暴雨事件响应的径流动力形成的产汇流特征，特别是空间差异性（邹桂红 等，2007）。

20 世纪 50 年代，美国农业部土壤保持局根据 3 000 多份试验资料整理制定了 SCS-CN（Soil Conservation Service-Curve Number）方法（USDA-SCS，1985；USDA，1986）。60 年代，一批流域水文模型面世，如可模拟地面径流形成过程的 Stanford 流域水文模型 SWM（Stanford Watershed Model）（Crawford et al.，1996）；功能强大、能综合模拟流域水文和水质的 HSPF（Bicknell et al.，1996）机制模型；我国学者陆续提出了蓄满产流、超渗产流、综合产流的理论和方法，并逐步将其应用于北京和西安的面源污染负荷计算中（夏青 等，1985；李怀恩，1987）。

80 年代，SHE（System Hydrologic European）连续分散机制模型得以开发（Abbott et al.，1986），可对融雪过程、蒸发散、地下水流、沟道水流、饱和及非饱和产流的地表径流进行模拟，并在欧洲得到了广泛应用；新安江水文模型（赵人俊，1984）、流域面源污染负荷模型（郑丙辉，1997）相继面世。

Snyder 等（1985）利用染色体作为示踪剂，研究了降水动能对土壤养分随径流迁移的影响，结果表明径流养分浓度随雨滴动能的增加而增加、随入渗率的增加而减少。泥沙样中的养分含量在降水过程中（除降水初期和降水后略高外）比较平稳，但养分的平均含量与流失地土壤相比明显增高，即泥沙的附和富集增大。说明水土流失不仅冲走了大量泥沙，而且导致大量养分流失，引起土地退化。人工降水、自然降水定点监测和模型的方法被结合起来，用于对降水产流特征进行分析和评估（黄满湘 等，2001；梁涛 等，2005）。根据室内模拟试验，雨强对土壤养分随地表径流的影响表现为土壤养分流失量随雨强的增加而增加，而径流养分浓度与雨强关系不明显。王万忠（1996）研究表明，引起产流产沙的主要降水类型为短历时局地雷暴雨，由于雨强大，坡面很快形成超渗产流，进而造成坡地表土及其所携带的养分大量流失。黄满湘等利用模拟降水研究了农田氮径流流失，结果表明氮流失量随雨强的增加而增大。雨量和雨型对养分流失量也有明显影响，在坡面产流情况下，降水历时越长、雨量越大，磷累积流失量就越大。Flanagan 等（1989）采用不同雨型对养分流失进行了研究，结果表明雨型对径流养分含量的影响无统计学差异。Zhang 等（1997）研究了土壤含水量和雨型对农药径流流失的影响，结果表明土壤溶解态和泥沙吸附的农药流失量，随着土壤初始含水量的增加而增大。

三峡库区土壤养分流失的研究表明，雨强与径流的养分浓度和泥沙的养分浓度无关，但可能影响其峰值出现时间，并与流失量成正比（傅涛 等，2002）。在小雨强条件下，无地表径流及土壤侵蚀发生；随着雨强的增大，地表径流量、径流总量及土壤侵蚀量都急剧增加。磷和钾流失总量也随着雨强的增加而增加，而雨强对氮流失的影响不大。氮通过地下径流的途径流失，平均占氮总流失量的 96.5%。在小雨强条件下，磷、钾不通过地表径流和泥沙流失；在中、大雨强条件下，磷、钾流失途径均以侵蚀泥沙流失为主，分别平均占流失总量的 95.3%、93.0%（罗春燕 等，2009）。

1.2.1.2 地形地貌

地形地貌的坡长、坡度因素决定了降水和地表径流的下垫面，从而对农业面源污染的形成产生一定影响。

在侵蚀环境中，坡长是指坡面上从产流起点到沉积区的不间断的地表径流流经的距离。研究表明，当坡度一定时，坡长越长，汇流的流量越大，流速也越大，从而水土流失越严重，携带的污染物质就越多。刘秉正等（1995）认为，当坡度小于 12° 时，养分流失量与坡度的关系为线性；当大于 12° 时，则为幂函数关系，坡度增大养分流失量增加，但土壤肥力的衰减速度减慢。王百群 等（1999）认为，随着坡度、坡长的增加，泥沙养分含量降低，养分富集率减小，但流失总量增加。总之，由于养分流失是伴随径流发生的，因而影响侵蚀产沙的因素均会影响养分的流失。刘方等（2001）认为，坡地梯化后可减少地表径流量以及径流流速，从而降低土壤侵蚀量；另外，当土壤颗粒向水体迁移时，侵蚀沉积物通常趋于黏粒富集和所吸附的化学元素富集，这样相应减少了土壤养分的流失。总体来说，坡度和坡长与养分流失量呈正相关。因此，从控制土壤养分流失的角度而言，减小地面坡度和改变坡长可有效减少土壤养分的流失。

1.2.1.3 植被覆盖

植被的特点会影响农业面源污染的径流下垫面条件。植被冠层和地表覆盖可以拦截降水、保护地表土壤免受雨滴直接打击、减弱径流对土壤的冲刷作用，从而减少土壤侵蚀。一般地，养分流失随着植被覆盖的增加而降低，土壤侵蚀和植被覆盖率往往表现为线性关系或指数关系（童笑笑 等，2018）。

植被对降水有一定的拦截作用，但只发生在降水初期，通过降低雨水对土壤的冲击力，可以减少径流中的悬浮物质。植被覆盖的水土保持功能呈现出林—灌—草递减的规律；植被覆盖的增加或减少，能够影响径流和输沙量的增减；植被的各个垂直层次对其水土保持功能的发挥具有重要的作用。森林植被和土壤系统联合作用，可以将大量的地表水快速转化为慢速径流，从而减少土壤侵蚀，降低固体悬浮物的产生量；植被还可以吸收慢速径流中大量营养物质，减少进入水体的营养负荷量（陈吉龙 等，2017）。雷孝章等（2000）借助大量的观察资料分析表明，坡面森林可使固体污染物减少 60% 以上，林地营养元素损失减少 30%～50%，森林覆盖率高的流域水质明显优于覆盖率低的流域。

1.2.1.4 土地利用

土地利用方式是影响面源污染的关键因素，综合反映人类活动对自然环境的作用。土地利用方式对土壤、植被、径流及化学物质输入、输出等因素都具有影响，因此，不同土地利用类型所产生的面源污染差异巨大。宋泽芬等（2008）对澄江尖山河小流域 4

种不同土地利用方式的研究表明，不同土地利用方式下，土壤侵蚀泥沙中的氮、磷输出总量依次为农地＞人工林＞灌草丛＞次生林。孟庆华等（2000）通过三峡两年的定位研究表明，不同土地利用方式的养分输出总量有较大变异，变化趋势为坡地农田＞梯田农田＞梯田果园＞坡地果园，还指出坡地果园是较理想的土地利用方式。苏跃等（2008）对不同土地利用方式下地表径流和浅层地下水分析表明，耕地地表径流和浅层地下水中营养物质明显高于林地和草地，且土地利用由林地变为耕地后，地下水质量出现一定程度的下降。耕地由于受人类活动影响最为剧烈，耕作活动会带来大量营养元素的输入，没被作物全部吸收的营养元素在适当的条件下会流失进入水体。

土地利用不仅通过排放系数的差异造成面源污染的不同，而且不同的土地利用景观格局也会有不同的营养元素流失（彭建，2006）。根据"源""汇"景观理论，在地球表层存在的物质迁移运动中，有的景观单元是物质的迁出"源"，而另一些景观单元则是作为接纳迁移物质的聚集场所，被称为"汇"。同样，对于污染物来说，不同的农田景观类型也可以被看作不同的"源""汇"景观。陈利顶等（2000，2003）研究发现"源""汇"景观类型的空间分布与面源污染的形成具有密切的关系。水塘这种景观类型对面源污染有较好的削减作用，当降水量大时，地表的径流量也大，径流进入水塘后，水塘的缓冲作用减弱了径流的动能，径流中的固体物质在水塘中大量沉积，同时部分可溶性磷被水塘吸持，当水塘水位达到一定高度后，溢出水中的磷含量明显低于蔬菜地径流中的磷含量。

1.2.2　农业面源污染的评价模型及其应用

农业面源污染来源广泛、形成机制复杂，其负荷的定量化估算一直是流域水环境污染治理领域的难点。利用模型计算或模拟面源污染负荷，是对面源污染规律进行评价和研究的基本方法之一。总体来说，农业面源污染负荷的计算模型分实证模型（统计性经验过程模型）和机制模型两大类。

1.2.2.1　实证模型

实证模型大致可分为统计法（Statistical Methods）、水文分离法（Hydrograph Separation Method）、输出系数法（Export Coefficient Modeling Approach，ECM）、多因子综合分析法和单元调查法（赖斯芸 等，2004）等。统计法主要是基于监测点的水质水量数据对面源污染负荷进行分析，适用于有大量基础监测数据的地区。水文分离法主要是基于径流变化对面源污染负荷进行分析，适用于河水流量变化比较规律的地区。输出系数法早期主要用于预测静止水体的富营养化。英国 Johnes 等做出改进，提出了以污染物类型、输出系数、大气沉降输入为主要元素的 Johnes 输出系数模型，用于大尺度流域的面源污染负荷计算（杨淑静 等，2009）。多因子综合分析法的本质，是对赋有权重的各项影响因素进行加和，从而确定污染的关键地区或区域（周慧平 等，2005）。其中，最有代表性的是潜力指数模型（APPI）（Petersen et al.，1991）和磷指数模型（PI）（Lemunyon et al.，1993）。多因子综合分析法简单易行，能够解决大流域数据缺失的局限性，适合大中尺度流域下的面源污染负荷计算和重点区域识别。但是，由于权重确定往往具有主观性，可能会掩盖许多信息。而且，由于缺少实测数据，模型的分级结果难以验证，需要进一步结合污染负荷产生量的计算对其结果进行验证。单元调查法是一种基于统计数据对污染排放单元进行负荷评估的方法，适用于区域农业面源污染量的估算。

目前，单元调查法和输出系数法模型在国内区域农业面源污染评价中应用得较多。例如，葛继红等（2011）在对江苏省农业面源污染进行经济学分析时，将农田化肥施用、畜禽养殖、水产养殖、农田固体废物以及农村生活污染 5 个污染单元作为核算单元，利用单元调查法全面核算了全省的农业面源污染排放负荷量。胡宏（2017）将农田化肥、生猪养殖、水产养殖、农村生活污水作为 4 个污染核算单元，计算并分析了重庆市万州区农村面源污染的现状。李兆富等（2009）、马啸（2012）、陈磊（2014）、丁晓雯（2008）、王萌等（2018）将降水、地形以及污染源到受纳水体之间的距离等因素加入输出系数法模型，结合 GIS 软件，对宁夏灌区、西苕溪流域、三峡库区的面源污染负荷进行了实证研究。

1.2.2.2 机制模型

伴随着作物生长模型、水文模型、计算机技术和地理信息技术的发展，面源污染的机制模型得到了大规模的开发与应用。这些模型大多汲取了 20 世纪 60 年代的通用土壤流失方程（Universal Soil Loss Equation，USLE）（Wischmeier et al.，1978）的精髓（周慧平 等，2005）。后来，综合考虑了影响土壤侵蚀的降水、土壤侵蚀、坡长、坡度、作物和管理措施这六大因子的 USLE 方程，被不断地修正和扩展形成了 MUSLE（Williams，1975a，1975b）模型和 RUSLE（Daniel et al.，1994）模型。同时，该方程也被纳入 CREAMS、AGNPS、AnnAGNPS 和 SWAT 等模型中，作为模拟土壤侵蚀的子模块。

AGNPS 模型由水文、侵蚀、沉积和化学传输四大模块组成（Young et al.，1989），可以对区域内面源污染氮、磷转移进行预测分析。在模型应用中，对流域进行栅格式的划分，流域内径流、污染物、泥沙沿各分室汇集于出水口（张玉斌 等，2004）。曾远等（2006）采用 AGNPS 模型的分析结果表明，该模型的预测结果与实际观测结果基本相符，在太湖圩区有应用价值。

AnnAGNPS 模型是由美国农业部开发的分布式模型，它按流域水文特征将流域划分为一定的分室，相比原 AGNPS 更符合实际，能够连续模拟以日为步长的流域地表径流、泥沙流失和氮磷营养盐输出，还可应用于面源污染控制 BMPS 的效益评估。例如，

Abdelwahab 等（2016）在 Carapelle 流域基于 AnnAGNPS 模型综合分析了免耕、少耕、河岸缓冲区、退耕还林等 BMPS 的泥沙削减效益；Cruse 等（2016）在美国中西部利用 AnnAGNPS 模型评估了冲沟侵蚀导致农作物减产带来的经济损失以及修复冲沟的经济效益；Villamizar 等（2016）在 Cauca 流域运用 AnnAGNPS 模型模拟了用甲基磺草酮代替三嗪除草剂对河道中除草剂的影响，发现此措施可以使河流中的除草剂减少 87%；Karki 等（2017）在密西西比河中东部利用 AnnAGNPS 模型评估了农田蓄水系统对泥沙和营养物的控制效果，认为农田蓄水系统对径流和泥沙都有较好的控制效果，但是由于氮实测资料的缺失使氮的控制效果并不令人满意；赵中华等（2012）在桃江流域用 AnnAGNPS 模型评价了适量施肥、等高种植、退耕还林、植被缓冲带的效益，发现适量施肥效果最显著，植被缓冲带对径流、泥沙和氮流失均具有较明显的效果；白静等（2014）在砖窑沟流域利用 AnnAGNPS 模型评价了径流、泥沙、氮、磷在不同土地利用类型中输出的变化情况。

SWAT（Soil and Water Assessment Tool）模型由美国农业部农业研究中心（USDA-ARS）于 20 世纪 90 年代创立（赖格英 等，2012），该模型能够融合分析研究流域内的工程性和非工程性政策措施，在水文响应单元的空间尺度上模拟地表径流、地下水流、土壤温度、养分（氮、磷）流失等多种过程（Schmalz et al.，2009），适用性和推广性强，但对基础信息量的需求极大，适用范围为小尺度典型流域。尹刚等（2011）曾采用 SWAT 模型确定了吉林图们江流域（中国一侧）中部海兰河和布尔哈通河交界的区域是流域面源污染的优先控制区。侯伟等（2016）采用 SWAT 模型对重庆万州区高岭镇陈家沟小流域进行了面源污染模拟，结果显示，产污量会随着降水的增加而增加。邵辉等（2014）对 SWAT 模型进行了修正，对新开发梯田模块中资料较全的云南尖山河小流域进行了水沙及养分流失模拟。王文章等（2018）以分形理论为基础获得了古蔺河流域最佳集水面积，运用 SWAT 模型对研究区内各子流域进行了重点污染源区的识别。

1.2.3　农业面源污染防治中的农户参与

流域内不同利益群体的积极参与是对流域污染进行有效控制的前提（杨晓英，2012）。提高环境管理的社区参与性，可以有效降低政策实施过程中的阻碍。农民是水环境恶化的直接受害者，也是流域面源污染的主要产生者。在对待环保的态度上，他们是机会主义者，也是风险的规避者（韩喜平 等，2000）。

刘光栋等（2004）的研究指出，华北高产区农民环保意识的不足，对农业面源污染的产生具有一定影响。曹国璠等（2007）认为，可以通过提高农民的环保意识、加强土壤肥料的监测管理、增施有机肥、采用配方施肥、施用硝化抑制剂、优化耕作和栽培技术等综合防治措施，来减少化肥污染造成的农业面源污染。

从农户的微观视角对农业面源污染开展研究，主要有两种类型。

一类是通过设计农业面源污染治理政策，分析农户可能的反应、行为，以及由此而产生的面源污染减少量。

例如，张蔚文（2006）针对浙江省平湖市的一个典型农民小组，采用线性规划法，分析了农户在各种政策下净收入的变化以及面源污染可能的减少量。结果发现，若按农户净收入影响进行优劣排序，依次是补贴、投入税、技术推广、禁令；若按减少氮排放的效果进行优劣排序，则依次是补贴、禁令、技术推广、投入税。

韩洪云等（2010）采用选择模型法，利用陕西省宝鸡市眉县 189 户农户的实地调查数据，分析了农户对于技术支持、价格补贴和尾水标准 3 项环境政策的可能反应和接受意愿。结果显示，相对价格补贴与尾水标准，农户更愿意接受技术支持政策。他们还选择了全国首批测土配方施肥推广项目县——山东省枣庄市薛城区，以当地 2009—2010 年冬小麦的种植为例，探讨化肥施用时，完全采纳、部分采纳和未采纳测土配方施肥技术的地块总氮含量的差异；然后基于农户的角度，从测土配方施肥技术的精确效应、产出效应和环境效应 3 个方面，分析了不同程度采用测土配方施肥技术的效果，以及采纳该技术对农户生产的增收效应（韩洪云 等，2014）。

金书秦（2017）、郑微微等（2017）以案例研究的方式，分析了浙江省、湖南省、江苏省不同规模的养殖户畜禽粪便资源化利用的情况，发现他们主要采用生产沼气、使用微生物发酵床、种养结合等模式，继而对当前养殖业粪便资源化利用的主要政策进行了初步评价。

另一类则是辨别农户的家庭社会经济特征、生产生活行为等因素对环境友好型技术采纳程度的影响，再根据各影响因素的作用方向及大小提出政策建议。

例如，Samiee 等（2009）在研究伊朗小麦种植户对病虫害综合防治（Integrated Pest Management，IPM）技术的采纳情况时发现，农户的收入变量、信息来源—交流渠道、对农技推广人员的认同度和知识水平，会显著正向影响小麦种植者对 IPM 技术的采纳水平。Blake 等（2007）的研究发现，在美国马萨诸塞州的越橘种植户中，非兼业、有丰富经验的户主以及规模大的农户对 IPM 技术的采纳水平更高。相似的研究还包括黄季焜（1994）对采用水稻杂交技术情况的分析、Moreno 等（2003）对美国加利福尼亚州中心流域灌溉技术选择的分析、Payne 等（2003）对玉米食根虫 Bt（Bit Torrent）种子技术采用情况的分析、Arellanes 等（2003）对洪都拉斯北部采用 Labranza Minima 技术的农户分析、方松海等（2005）对保护地生产技术采纳的影响分析、喻永红等（2009）针对水稻 IPM 技术采用情况的农户分析等。

何浩然等（2006）通过构建计量经济模型分析了农户的施肥行为，发现家庭成员中若有非农就业成员或有参加农业技术培训的经历，则对化肥的施用水平均具有一定的促进作用。他们认为，通过调整农业技术培训和推广的方向，规范化肥市场的环境，用环境立法和经济手段等措施可以有效地控制化肥施用水平。张利国（2008）以江西省 189 户水稻种植农户为研究对象，分析了不同垂直协作方式下的农户施肥行为，发现销售合同、生产合同、合作社以及垂直一体化等形式均有助于农户减少化肥施用量。金书秦等（2011，2013）基于对河北棉农的调查，从经销商与农户之间的信任关系和信息传递的角度，分析了农药过度使用的原因，发现合作社在信息和信任两个方面都显示出优势。合作社农户的农药用量最少，其后依次是从乡镇农资店买药的农户、从村级农资店买药的农户，用量最大的是从县级农资店买药的农户。

1.2.4　农业面源污染防治的最佳管理实践（BMPS）

1972 年，《美国联邦水污染控制法》（*Federal Water Pollution Control Act Amendments*）首次明确提出，建议采用 BMPS 来控制农业面源污染。美国环保局（US EPA）把 BMPS 定义为任何能够减少或预防水资源污染的方法、措施或操作程序，包括工程、非工程措施的操作和维护程序。其中，工程性 BMPS 是指按照一定暴雨标准和污染物去除标准设计建造的各种工程设施，一般具有一定的结构体，以控制径流过程为核心；非工程性 BMPS 是指建立在法律法规、政策、程序与方法控制基础上，用来减少污染输出的各种管理措施。

1.2.4.1　国际经验

（1）美国

美国是世界上少数几个对农业面源污染进行全国性系统控制的国家之一。美国的环保局、农业部以及内政部（美国工程兵团和土地管理局）是美国管理农村面源污染的 3 个主要部门。他们从各自选民和利益相关方（如农民、普通民众和环境）的利益出发，通过与国会合作并提出不同的观点，来制定农村非点源污染方面的政策（王俊勋，2003）。其中，美国环保局侧重于流域管理，负责农村非点源污染防治方面的政策及标准制定；美国农业部侧重于对农民和农场主的管理，除负责政策和标准制定的咨询外，主要职责是依靠其内设的 7 个部门和大约 10 万名员工，通过有关的环境教育项目、成本均摊项目和技术援助项目，帮助农场主实现美国环保局规定的标准（张蔚文，2011）。农业部内设的合作研究处则与各方面环境保护专家建立了良好的合作网络。

农作物和畜牧业生产是美国最主要的面源污染输出单元（金书秦 等，2017）。美国环保局曾强烈要求美国国会除了对既定的全国统一的排污许可证制度进行修改，还需要在《净水法案》中增加农业环境污染控制的内容。因此，在后来的《净水法案》中加入了三部分主要针对解决农业环境污染问题的条款。第一，条款 208 要求各州政府制订出本州的水污染管理计划，并将畜禽粪便处理过程中产生的营养径流看作重要的面源污染问题。第二，条款 305 要求各州政府每两年对水质进行评价，将其评价结果报送美国环保局。第三，条款 319 要求各州根据自己的实际情况，制订出相应的面源污染控制计划，并与点源计划结合，来实现《净水法案》所规定的环境质量标准。

经过近 40 年的探索和实践，美国的面源污染防治体系已基本成熟，建立了配套的政策、法律和标准，发展出了种类繁多的 BMPS。其中，针对农业水污染防治的工程性 BMPS，主要包括恢复湿地，建设植被过滤带、草地缓冲区、岸边缓冲区，建设农业灌溉与排水沟渠、人工集水集污塘、防护林和地下水位控制等措施（Classen et al.，2008；章明奎 等，2005）；非工程性 BMPS 可分为养分管理（核心）、耕作管理和景观管理 3 个层次，具体实践包括管理、教育、科技和经济多项措施和政策，例如，少耕免耕、肥料养分平衡、病虫害综合防治、规范化耕作、农民培训、点源—面源污染交易等。它们融于退（休）耕还草还林、湿地恢复、环境质量激励、环境保护强化、农业水质强化等一系列项目中，在空间尺度上互补，防治效果上配合，以最大效率保证物质循环、减少氮和磷的流失。

在面源污染防治中，美国还重视多元社会共治的作用。为了动员公众关注和爱护环境，政府和公共机构通过期刊、手册和贴画、网站等传媒，定期公布水环境与生态现状，向公众宣传市民应发挥其作为水环境的消费者、循环者、住区监督者和健康促进者的作用。政府号召工商界积极与社区协调，按照可持续发展和生态模式运作企业。政府有关部门十分重视发挥民间协会在畜牧生产中的作用。如全美养牛协会是养牛行业的最大协会，有会员 4 万余名，有 27 个育种机构和 23 万个种牛农场；全美养猪协会有会员 8 万余人。这些协会的主要工作有推广政府环保计划，通过各种项目为农民提供培训、信息和示范，帮助农民开发市场，资助科研等工作（毛一波，2000）。非政府机构通过积极开展公共教育和市民指导等方式，不断提高公众的环境意识。人们还可以通过诸如"公共咨询委员会"和遍布各地的地方社区组织来参与当地的水环境决策或施加环境政策调整的压力，居民可以通过参加当地的市政会议和社区咨询活动等方式咨询问题，获得有用的信息，并对他们认为应作为重点来强调的问题提供反馈[①]。

（2）新西兰

2002 年，新西兰的农业产品出口量占到了其总出口量的 47%（Ministry of Agriculture and Forestry，2003）。虽然与其他国家相比，新西兰的农业对环境的负面影响并不十分显著，但是专家认为，若放任不管，有些影响将会造成该国生态意义上重要的资产退化，包括一些质朴的自然特征。新西兰农业面源污染问题主要有两类：①农业营养物的流失和渗漏，引起地表、地下径流和湖泊的水体污染；②受城市开发和林业生产影响的地表径流所引起的溪流和支流沉积物。

---

① 本部分内容引自《人民与权利》2004 年第 6 期"美国典型水域环境政策"一文。

MacDonald 等（2004）认为，新西兰对非点源污染管理的最大特色是以经济为主导。经济手段是该国实施可持续发展的主要工具，在水质区域同样具有很大的潜力。针对面源污染管理的问题，新西兰提出了收费计划、激励支付、可交易的排污许可证等 BMPS 经济政策。

同时，新西兰将可持续原则写进了法律（里昂德·伯顿 等，1998）。《资源管理法》（*Resource Management Act*，RMA）于 1991 年由新西兰国会通过，1993 年修正。因为这部立法，新西兰在资源管理方面走在了世界国家的前列。RMA 是一个国家法案，它授权区域政府和地方政府在统一的环境政策指导下进行资源管理。这个统一的环境管理政策，以保持环境的生命可持续能力为目标，要求资源管理必须满足子孙后代合理的、可预测的需求，必须避免、补偿或减缓自然资源利用带来的不良影响。RMA 有两个重要特征：①趋向基于效果的控制，而不是基于活动的控制；②环境管理责任在很大程度上移交给两级地方政府。因此，新西兰大部分影响非点源污染的政策和规定都由区域和地方政府管理，这些政策包括水资源的质量和数量法规、水土保持、土地利用和细分控制及农药管理（张蔚文，2011）。

（3）欧盟

自 20 世纪 80 年代以来，西欧各国（欧盟成员国）逐步实施了农业投入氮、磷总量控制的相关法律、经济措施，治理成效颇为显著。

比较著名的法律法规有《农业环境条例》（*Agri-Environmental Regulation*，92/2078）、《饮用水指令》（*Drinking Water Directive*，75/440 and 80/778）和《硝酸盐指令》（*Nitrates Directive*，91/676）（经济合作与发展组织，1996a；张蔚文，2011）。《农业环境条例》主要针对野生动植物和景观的保护，但其中的一些措施具有间接保护水质的作用，例如，鼓励有机耕作的措施、河岸栖息地的保护等。《饮用水指令》的意义在于它确定了饮用水供应中污染物浓度的最高允许水平，其中，硝酸盐标准的最高限是 50 mg/L。《硝酸盐指令》要求各成员国必须监测水体，确认水质受到农业硝酸盐污染的地区，并将之列为硝酸盐脆弱区（Nitrate Vulnerable Zones，NVZs）。对所有的 NVZs，成员国必须制定有机肥与无机肥的最大允许施用量和施用期限，以去除威胁；NVZs 以外的区域，成员国必须制定良好的农业实践自愿准则，包括储备率、施用率、使用时序和其他相关事宜。

1995 年，欧盟委员会考虑用全球化的眼光来审视水政策，制定了《欧盟水框架指令》，用以促进欧盟范围内所有地表和地下水达到"良好的状态"的首要目标。合理的定价和公众的参与也是该指令的重要内容（Hanley，2001）。这是一个流域水平上的水资源管理指令，为欧盟国家提供了一系列共同的目标、原则、定义和基本方法，使欧盟各国在水资源政策上形成了充分的合作，而在每个流域采取的具体措施又可以根据自然、社会、经济和文化因素而有所不同。

欧盟的部分成员国在非工程性 BMPS 方面有许多值得我们借鉴的经验。

英国政府在农业水污染方面最重要的一项立法，是为了对应欧盟的《饮用水指令》而出台的硝酸盐敏感区（Nitrate Sensitive Areas，NSA）计划（张蔚文，2011）。英格兰和威尔士共有 32 个地方被列为硝酸盐敏感区。同意在耕作实践中做出某些调整的农民将得到相应的补偿，并签署一个五年的协议。调整的内容包括：①将可耕地转换为不施肥、不放牧的草地；②将可耕地转换为施肥不超标的草地；③选择低氮需求的作物耕种，并且不允许耕作马铃薯和芸薹。协议还包括维持农场中的树木、田鼠、围墙和历史特征等规定，以取得其他环境收益。监测结果表明，该计划有效减少了硝酸盐敏感区的硝酸盐径流，所取得的环境收益超过了治理成本。

英国于 1987 年颁布《水清洁法案》，控制畜禽粪便流失（Smith et al.，1998）。其畜牧业与种植业生产紧密结合。为了让畜禽粪便与土地的消化能力相适应，英国限制建立大型畜牧场，规定 1 个畜牧场最高头数限制指标为奶牛 200 头、肉牛 1 000 头、种猪 500 头、肥猪 3 000 头、绵羊 1 000 只和蛋鸡 7 000 只（金书秦，2017）。

德国对集约化畜禽养殖场的管理要求甚至严于工厂，不仅在建设前设有较高的环境政策门槛，还通过限定每个畜禽养殖场年产生的粪肥中氮、磷总量来控制其生产规模，甚至规定畜禽养殖场必须在冬季减少存栏量，以适应环境容量的季节变化。德国规定畜禽粪便不经处理不得排入地下或地面水源。凡是与供应城市或公用饮水有关的区域，每公顷土地上，家畜的最大允许饲养量不能超过规定数量，即牛 9 头、马 9 匹、羊 18 只、猪 15 头、鸡 3 000 只、鸭 450 只（金书秦，2017）。

瑞典、挪威、芬兰分别于 1984 年、1988 年、1990 年开始征收化肥税，后面还征收了杀虫剂税。3 个国家化肥税的税率分别为 0.60 瑞典克朗/kg 氮、1.20 瑞典克朗/kg 磷、1.17 挪威克朗/kg 氮、2.23 挪威克朗/kg 磷、1.70 芬兰马克/kg 磷、2.60 芬兰马克/kg 氮。其中，芬兰将这些税收专门用在了农业部门的环境投资方面。

丹麦自 1998 年引入氮税（ECOTEC，2001），并对零售杀虫剂按 20%的税率征收。为了减少畜禽粪便污染，丹麦确定了畜禽最高养殖密度。同时，规定在被雪覆盖的土地或冻土上不得施用粪肥，裸露土地的粪肥必须在施用后 12 小时内犁入土壤中，每个农场要达到储纳 9 个月产粪量的储粪能力。

荷兰是世界上畜产品出口量最大的国家之一，大中型农场产生的畜禽粪便基本由农场进行消化（Edwards A C，2010）。高度集约化的畜牧业生产和大型园艺工业的发展，给荷兰带来了较严重的环境压力。荷兰政府在 1995 年决定把整个国家指定为一个 NVZs，并使用一套农场矿物计算系统来估算每个农场每年的氮损失量，从而定量评估水质与氮损失量之间的关联性。此外，政府对畜禽粪便处理工业也给予了大量支持，开通运作了一个牲畜粪肥的交易系统。荷兰还设置了一系列化肥施用的限制措施。例如，每年 9 月 1 日至次年 2 月 1 日土壤易流失期间，禁止使用动物肥；草地的最大使用剂量为 200 kg P_2O_5/hm^2。每一块农田都设置施肥平衡表，计算出的施肥有剩余将被收税。还实施了化肥交易系统，农民可以将"空间容量"出售给不再有施肥权利的农民。每个交易发生时，施肥权利其实都被减少了 25%，因此，这个系统隐含了减少供给的机制（张蔚文，2011）。以上这些措施实施 15 年后，荷兰平均的氮磷排放量减少了 50%。

（4）日本

日本治理农业面源污染所采取的法律措施，侧重于制定详细的规则和标准，对污染源头进行控制（金书秦，2017）。农林水产省于 1992 年在《新的食物·农业·农村政策方向》文件中首次提出了"环境保全型农业"的概念，从此，农业面源污染的防治受到了政府的重视。1999 年，《食品、农业、农村基本法》颁布，要求发挥农业及农村在保护国土、涵养水源、保护环境和景观等方面的功能，实现农业健康发展。同年，《关于促进高持续性农业生产方式的法律》和《可持续农业法》出台，规定了农业生产的 12 项技术，鼓励农民配合相关标准减少化肥、农药的施用。2000 年和 2001 年，日本政府相继修订和出台了《肥料管理法》《农药取缔法》《家畜排泄物法》《农业用地土壤污染防治法》，明确了化肥、农药减量施用和家畜粪便排放的实施细则。此外，《食品循环资源再生利用法》《堆肥品质法》《农药残留规则》等法律法规也相继制定实施。

对于畜禽污染的防治和管理，日本在《废弃物处理和消除法》《防止水污染法》《恶臭防止法》等 7 部法律中做了明确的规定。此外，日本政府鼓励养殖场建设环保处理设施，建设费用的 50%由国家财政补贴，25%由都道府县提供，企业自己仅需支付 25%（金书秦，2017）。

从以上各国控制农业非点源污染的实践中，我们可以得到以下启示。一是法律法规先行。先进国家在治理农业面源污染时，每一个国家计划的背后都有相关的法律法规支撑。二是政府主导，多元共治。面源污染防治涉及多方位的综合管理，需要多个政府职能部门相互合作、中央和地方相互合作，也需要与行业协会、科研机构、相关企业的密切合作，更需要取得最重要的利益相关者（农户）的支持与配合。三是技术研发和农民教育都非常重要。BMPS 作为美国最先提出的田间操作程序，已在很多国家得到应用，其背后都有一系列的技术研发强力支撑。先进国家都相当重视农业面源防治中的教育问题，强调对农民教育的投入。四是激励型政策是强制型政策的有效补充，往往能够起到事半功倍的作用，但对设计要求也会更高。

1.2.4.2　国内进展

（1）政策变迁

金书秦等（2015）曾归纳过自 1973 年以来我国的农村环境问题及政策应对，见表 1-1。

表 1-1　自 1973 年以来我国的农村环境问题及政策应对

	1973—1979 年	1980—1989 年	1990—1999 年	21 世纪以来
主要环境问题	水污染问题	乡镇企业及城市污染转移	各类问题叠加，农村生态环境恶化显现	农业面源污染排放负面效应凸显
政策应对	提倡污水灌溉	发展生态农业	村容村貌整顿	农村环境综合整治、农业发展绿色转型

资料来源：金书秦，韩冬梅. 我国农村环境保护四十年：问题演进、政策应对及机构变迁[J]. 南京：南京工业大学学报（社会科学版），2015。

　　1973—1979 年，我国农村环境问题初步显现，但有关农村环境保护的政策大多分散于各类行政性法规或条例中，内容上侧重于对森林、草原、河流、野生动物的保护等，没有涉及面源污染防治的内容。

　　1980—1989 年，乡镇企业的污染控制是农村环境关注的重点。化肥、农药的过量施用导致的各类环境问题开始显现，我国的环境政策体系建设起步，出台了《中华人民共和国水污染防治法》（1984）、《中华人民共和国环境保护法》（1989）等重要法律法规。《中华人民共和国环境保护法》中明确规定，加强农村环境保护，防治生态破坏，合理使用农药、化肥等农业生产投入，开始涉及面源污染防治。

　　1990—1999 年，农村面源污染问题集中显现。化肥、农药、地膜的使用量迅速上升，畜禽养殖污染排放巨大，北方地下水硝酸盐污染问题较为严重，南方湖泊富营养化问题接连不断。农村环境质量问题开始受到政府的关注。1993 年，国务院颁布了《村庄和集镇规划建设管理条例》，对村庄、集镇提出了"保护和改善生态环境，防治污染和其他公害，加强绿化和村容镇貌、环境卫生建设"的要求。1999 年，国家环境保护总局印发了《国家环境保护总局关于加强农村生态环境保护工作的若干意见》，成为我国第一个直接针对农村环境保护的政策。16 个省、100 多个市县随后相继出台了农业环境保护条例。

　　2000—2013 年，农村的点源污染与面源污染问题叠加共存，但农村缺少基础的治理设施和有效的管理手段（苏扬 等，2006）。随着我国经济实力的增强、公众环保意识的觉醒，农村环境保护受到了公众、媒体和政府更为广泛的关注。一批相关的政策相继出台：《国务院关于进一步做好退耕还林还草试点工作的若干意见》（2000）、《畜禽养殖污染防治管理办法》（2001）、《中华人民共和国水土保持法》（2010 年修订）、《中华人民共和国水污染防治法实施细则》（2002）、《中共中央　国务院关于推进社会主义新农村建设的若干意见》（2006）、《关于加强农村环境保护工作的意见》（2007）、《关于进一步加强秸秆综合利用禁止秸秆焚烧的紧急通知》（2007）、《关于实行"以奖促治"加快解决突出的农村环境问题的实施方案》（2009）、《关于加大统筹城乡发展力度　进一步夯实农业农村发展基础的若干意见》（2010）、《关于加快发展现代农业　进一步增强农村发展活力的若干意见》（2013）。《国民经济和社会发展第十二个五年规划纲要》也明确把治理农药、化肥、畜禽养殖等农业面源污染作为农村环境综合整治的重点领域，要求 2015 年农业

COD 和氨氮排放相比 2010 年要分别下降 8% 和 10%，这是国家级规划首次对农业面源污染排放做出约束性要求。

2014 年至今，农业面源污染防治得到了更多的重视，一系列有针对性的国家政策密集出台。

2014 年 1 月 1 日，《畜禽规模养殖污染防治条例》正式生效，这对我国农业环境治理有着里程碑式的意义。

2015 年正式生效的新《中华人民共和国环境保护法》，在第三十三条、第四十九条、第五十条新增了关于农业环境治理的内容。新的《食品安全法》（2015）中也有对农产品中农药残留、安全使用农药、肥料等投入品的有关规定。2015 年，中央一号文件专门强调加强农业生态治理，并且明确以实施《农业环境突出问题治理总体规划（2014—2018 年）》和《全国农业可持续发展规划（2015—2030 年）》为抓手，来推进治理。2015 年，《水污染防治行动计划》出台，第一条就提出要控制农业面源污染。2016 年后，农业部陆续出台了相关的规章和行动方案，如《农业部关于打好农业面源污染防治攻坚战的实施意见》《到 2020 年化肥使用量零增长行动方案》《到 2020 年农药使用量零增长行动方案》《农药包装废弃物回收处理管理办法（试行）》《重点流域农业面源污染综合治理示范工程建设规划（2016—2020 年）》《关于推进农业废弃物资源化利用试点的方案》《开展果菜茶有机肥替代化肥行动方案》等。

2017 年，国务院办公厅出台《关于加快推进畜禽养殖废弃物资源化利用的意见》。

2018 年，生态环境部联合农业农村部印发了《农业农村污染治理攻坚战行动计划》，建立了中央统筹、省负总责、市县落实的工作推进机制，强化部门间协同合作，压实地方主体责任，为推动实现淮河流域农业面源污染联防联治创造了有利条件。国家发展改革委、生态环境部、农业农村部、住房城乡建设部、水利部会同有关部门制定了《关于加快推进长江经济带农业面源污染治理的指导意见》。

根据该指导意见，2020 年，国家发展改革委下达中央预算内投资 11 亿元，继续支持长江经济带中西部省份，以县为单位，以畜禽养殖污染防治为重点，统筹开展种养业面源污染综合治理，打造长江经济带农业面源污染治理示范区。

2021 年，中央一号文件提出了在长江经济带、黄河流域建设一批农业面源污染综合治理示范县。

（2）防控措施

随着面源污染防治政策的推进，我国加快了对 BMPS 体系的引入和应用，并结合流域管理、景观生态学的理论，在生产实践中积累了一些具有区域特色的工程和技术控制措施。例如，水土保持措施（柴世伟 等，2006）、南方农村的多水塘系统（Fu et al.，2005）、红壤丘陵区种养结合的"顶林—腰果—谷农—塘渔"生态农业模式（王明珠 等，1998）、丘陵山区小流域"一体五段"综合生态治理工程（舒冬妮，2003）、湿地生态农业和沿湖洼地立体综合生态农业开发模式（王世岩 等，2005）等。

谢德体（2014）认为，仅靠单一的技术措施或管理措施，无法达到农业面源污染防控目标，应该研究多方法、多角度、多层次的 BMPS 体系（主要包含源头控制、过程阻断、终端调控 3 个环节）。他对我国现有的农业面源污染防控措施进行了整理，见表 1-2。

表 1-2　农业面源污染防控措施

	措施名称	措施内容简介
工程及技术措施	1. 工程修复，拦沙坝等技术结合草林复合系统，复土植被等	主要针对山地水土流失区及侵蚀区，通过土石工程结合生物工程方法，控制水土流失和土壤侵蚀，恢复良好的生态系统
	2. 前置库和沉砂池工程	主要应用于台地及一些入湖支流自然汇水区，利用泥沙沉降特征和生物净化作用，使径流在前置库塘中增加滞留时间，一方面使泥沙和颗粒态污染物沉降，另一方面生物对污染物有一定的吸附利用作用
	3. 拦沙植物带技术和绿化技术	拦沙植物带技术利用生物拦截、吸附净化作用可使泥沙、氮、磷等污染物滞留沉降；绿化技术可广泛应用于堤岸保护、坡地农田防护等
	4. 人工湿地与氧化塘技术	主要应用于污染农业区，特别适用于处理农田废水和村落废水的混合废水
	5. 生物净化及少废农田工程技术	主要适用于土地利用强度较大、施肥量大的湖滨农田区
	6. 农田径流污染控制和农业生态工程	通过采用生态农业工程，将农业污染物都输入生态循环之中，从而减少污染物的排放，达到径流污染控制的目的
	7. 村落废水处理、农村垃圾与固体废物处理技术	适用于农村自然村落垃圾处理和地表径流污染物流失的治理
	8. 林、草、农、林间作技术	应用于强侵蚀区污染控制和生态恢复，主要用于解决生态性质的立体条件
	9. 截砂工程、截洪沟、土石工程、沟头防护、谷坊工程等技术	应用于强侵蚀区污染控制和生态恢复
管理措施	1. 退耕还林还草政策	治理坡耕地水土流失时，如果坡度大于 25°，应该提出退耕还林、还草，此外湖滨区裸露耕地也应采取相同的措施
	2. 休耕或轮作	通过农田耕作管理，以减少农田污染径流的产生
	3. 施肥管理	通过建设优化配肥系统，加强对施肥方式的管理，避免盲目过量施肥
	4. 农业面源的监测与监理	设立农田土壤环境定位监测系统，加强对农田径流水量、水质、生态系统等环境因素的监测，以研究土壤肥力、污染负荷的动态变化，并及时提出应对措施，提高土壤肥力，减轻污染负荷
	5. 流域计划垦殖	根据流域土地利用现状及各类用地的需水情况，搞好水土平衡，以水定地，控制农用地的发展；农业的发展需纳入流域统一规划，因地制宜，合理配置
	6. 湖滨封闭式管理	天然湖滨带可被认为是湖泊的保护带，它的保护首先应遵守生态学准则，因此严禁沿湖围垦。对已经存在的湖区耕地，必要时应退耕，恢复原有的生态系统
	7. 环境管理政策及措施	主要指加强环境立法，建立专职机构，使农业面源污染源的污染控制迅速走上科学管理的轨道

注：引自谢德体（2014）。

1.3 研究内容与技术路线

1.3.1 研究内容

本书主要的研究内容包括：

（1）三峡库区农业面源污染现状评估

结合现场调研与统计年鉴数据，对 2008—2018 年三峡库区农业面源的污染排放进行定量评估，揭示库区农业面源污染的时空分布规律，并探讨其与库区农业经济发展的演替关系。

（2）三峡库区典型小流域农业面源污染的动态监测

在三峡库区的生态屏障区遴选具有复杂山地—丘陵地貌的典型小流域，开展基于"3S"技术的农业面源污染关键环境因子的提取、分析与表达研究，结合建模，对小流域的农业面源污染过程进行动态模拟、结果预测和风险评价的可视化。

（3）农业面源污染对地表水体及水源水水质的影响

探究三峡库区典型小流域农业面源污染对地表水体及水源水水质的影响，重点考察与水体富营养化密切相关的氮、磷，以及与人体健康密切相关的致病微生物、抗生素及重金属等重点污染物的来源、迁移转化过程及其生态风险。

（4）三峡库区肉牛养殖的污染控制与环境承载力

分析肉牛养殖的环境影响，梳理其污染减量化、无害化和资源化的控制措施。筛选出适用于库区的畜禽养殖污染防治路线，并以库区的肉牛大县——丰都为例，探讨环境约束下肉牛养殖的环境承载力（阈值）。

（5）生态屏障区农业面源污染参与式农户评估

采用自下而上的管理模式，对三峡生态屏障区进行实地调研、深度访谈和问卷调查。运用参与式评估方法，从农户的微观视角收集第一手资料并作为观点依据，寻找农业面源污染控制的政策启示。

（6）三峡库区农村污水治理

分析探讨三峡库区农村生活污水的排放标准，对三峡库区典型的农村生活污水分散处理工艺进行优选排序。梳理库区乡镇污水处理的发展历程，分析影响乡镇污水处理设施长期稳定达标运行的普遍性问题，提出相关建议。

（7）三峡库区农业面源污染控制 BMPS 框架体系的集成

从源头控制、迁移途径阻截、末端治理 3 个角度，探讨适用于库区的农业面源污染综合防控的 BMPS 框架。针对库区小流域产沙与面源污染物直接入库危害大、小流域水土保持与面源污染治理成本高等问题，研究集成三峡库区小流域水土保持与面源污染减控技术体系。

1.3.2 技术路线

本研究的技术路线如图 1-1 所示。

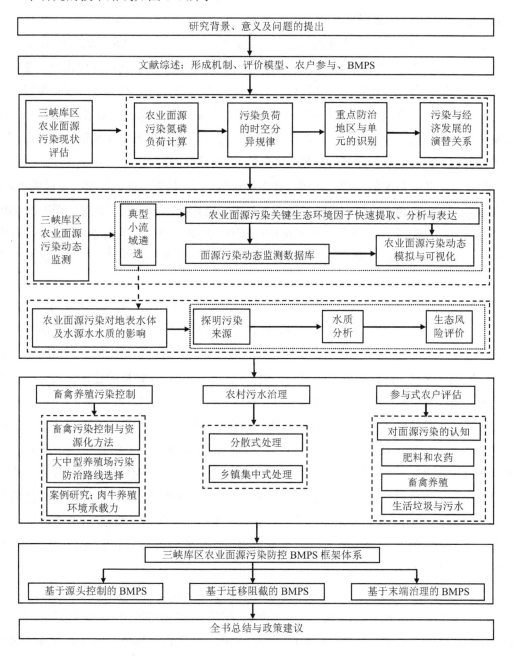

图 1-1 三峡库区农业面源污染防治与管理的技术路线

1.3.3　章节安排

除第 1 章外，第 2～11 章安排如下：

第 2 章介绍研究区概况。首先引出本书的总体研究区域——三峡库区，然后分别介绍重庆库区、湖北库区的自然地理与社会经济基本情况，最后介绍三峡库区生态环境最为敏感的农村地区——生态屏障区的相关情况。

第 3 章是三峡库区农业面源污染现状评估。基于三峡库区 2008—2018 年重庆段 15 个区（县）、湖北段 4 个区（县）的年鉴数据，运用单元调查法，选取农田化肥、畜禽养殖、水产养殖、农田固体废物以及农村生活污染 5 个污染单元，核算研究区各年间、各区（县）、各污染单元氮和磷的排放量，并进一步分析总氮和总磷的污染来源结构与变化，以及时间分布与空间分布特征，以明确库区农业面源污染重点防控区域和污染单元。进一步探究了库区农业经济发展与面源污染排放强度的演替关系。

第 4 章是基于 GIS 的农业面源污染典型小流域遴选。从农业面源污染发生过程出发，将土壤类型、土地利用类型、土壤侵蚀强度作为关键影响因子，利用相关数据进行 GIS 空间叠加分析，获得了 8 种三峡库区农业面源污染典型区域。利用典型区域大类分布格局图，经过多种对比分析和野外考察，最终确定将耕地较多、农业活动强烈、面源浸染典型的开州箐林溪流域作为研究的典型小流域。

第 5 章是箐林溪小流域农业面源污染动态监测。针对三峡库区地形地貌的特殊性，提出了一套利用影像自身信息进行大气、阴影和地形校正的方法，实现了农业面源污染关键环境因子基础信息的提取。结合实地考察和农户调查所收集的资料数据，构建数值模型，模拟了农业面源污染的水文过程、泥沙流失过程和营养物质的迁移转化过程，并最终集成为农业面源污染模拟监测的可视化管理平台。

第 6 章以箐林溪为例，探讨了农业面源污染对地表水体及水源水质的影响。考虑水体遭遇面源污染后，微生物引起的流行病学风险，以及微（痕）量有机物引起的遗传和生态毒理学风险，对人体健康和生态系统健康具有更大的长期威胁，在对箐林溪流域进行水样和生猪养殖场粪便样品采集分析时，除了污染物负荷及总量控制研究中常用的总氮、总磷、COD、重金属等常规污染物指标，还增加了包括"两虫"（贾第鞭毛虫和隐孢子虫）在内的十余种典型水传病原微生物指标的测定，以评价农业面源污染对水环境微生物学安全性的影响。

第 7 章探讨了三峡库区肉牛养殖的污染控制与环境承载力。首先梳理了肉牛养殖污染物的环境影响和处理方式，然后分析了大中型肉牛养殖场污染物防治路线的选取，最后基于对库区肉牛大县——丰都的实证调查，分析了当地肉牛养殖与粪尿处理方式的特点，并以此为依据设置了 4 种情景，分别探讨耕地畜禽粪便负荷、氮负荷、磷负荷约束下肉牛养殖的环境承载力。

第 8 章开展了生态屏障区农业面源污染参与式农户评估。通过预调查、问卷设计，对云阳盘龙镇、涪陵南沱镇、秭归茅坪镇（以前均做过库区面源防治试点）的村民和开州箐林溪流域（以前未做过试点）的村民开展问卷调查，从而在农户的行为、态度与需求方面做一个对比，来考察已有的面源污染防控措施的效率，并从农民的微观视角寻找面源污染控制的政策启示。

第 9 章主要是三峡库区农村污水治理。着重关注农村生活污水的排放标准，当地已实施的农村分散式生活污水处理技术的优选，还有乡镇集中式污水处理设施建设运行的现状、存在的主要问题，以及设施的长效管理机制。

第 10 章是三峡库区面源污染防控 BMPS 框架体系的集成。从保护性耕作，植物篱种植模式，化肥、农药的合理施用角度分析了基于源头控制的 BMPS，从缓冲带、植被过滤带角度分析了基于迁移途径阻截的 BMPS；从人工湿地、前置库、畜禽养殖污染防控 3 个角度分析了基于末端治理的 BMPS。最后探讨了库区 BMPS 管理体系建设的方向，并尝试集成了三峡库区小流域水土保持与面源污染减控的 BMPS 框架体系。

第 11 章为结论与建议。

1.4　研究方法和数据来源

1.4.1　研究方法

本书使用到的主要方法包括单元调查法、回归分析、Arc GIS 数据管理与空间分析、环境监测（含定量—PCR 方法）、知情人访谈（半结构式访谈与焦点小组访谈）、问卷调查等。各有关章的具体应用情况如下：

（1）单元调查法

该方法用于第 3 章。查阅 2008—2018 年三峡库区重庆段 15 个区（县）及湖北库区 4 个区（县）的《统计年鉴》《农村统计年鉴》《国民经济和社会发展统计公报》，收集研究区域各区（县）的农业种植生产状况、畜禽养殖生产情况、农村生活状况、人口状况等农业统计数据。将数据在 Excel 软件中分类归总统计，采用单元调查法核算各区（县）历年间农业面源污染排放量。

（2）回归分析

该方法用于第 3 章。基于单元调查法获得的面板数据，结合当地的地表水资源量，求得库区各区（县）的污染排放强度，作为回归分析模型的被解释变量。利用"环境库兹涅茨曲线"（Environment Kuznets Curve，EKC）理论，探究库区农业面源污染与农业经济增长的关系。

（3）Arc GIS 空间分析法

该方法用于第 3～5 章。第 3 章借助 Arc GIS 强大的数据管理和空间分析能力，在空间尺度和时间尺度上，得出了库区各区（县）农业面源污染排放的结构和时空分异特征。第 4 章对 3 个影响农业面源污染过程的关键因子进行 GIS 空间叠加分析，获得三峡库区 24 种不同类型的农业面源污染区，进而遴选出典型研究区——箐林溪小流域。第 5 章将 Arc GIS 与 visual studio VB. NET 程序语言结合，设计出了三峡库区的小流域农业面源污染监测模拟系统。

（4）环境监测

该方法用于第 6 章。通过对箐林溪小流域进行点位设置、监测采样和指标测定，分析得出农业面源污染对地表水体及水源水水质的影响，为面源污染生态风险的控制提供相关支撑。

（5）知情人访谈

该方法用于第 7 章，包括半结构式访谈与焦点小组访谈。半结构式访谈的对象是丰都县典型肉牛养殖场的负责人，焦点小组访谈的对象为当地畜牧局、环保局的官员，养殖厂、生物公司、发电厂技术员，以及农户代表等与肉牛养殖政策制定、污染物处理或资源化利用关系密切的人员。

（6）问卷调查

该方法用于第 4 章、第 7 章和第 8 章。第 4 章主要调查箐林溪流域农民的生产生活习惯、家庭和经济情况，用于完善监测模拟平台所需的数据库。第 7 章主要调查丰都县养殖农户的肉牛粪尿处理措施和施肥方式。第 8 章主要调查库区已做过面源防治试点的村与箐林溪流域没有做过试点的村，在农户的行为、态度与需求方面有什么差异。

1.4.2　数据来源

本书使用了大量数据，既包括来自文献、普查和统计资料的二手数据，也包括从有关部门获取的监测数据，还包括课题组野外考察、实验、调研与访谈调查获得的一手数据。其中，第 3 章用到了较多的统计数据——各区（县）的化肥折纯施用量、畜禽饲养量、各作物产量、水产品产量、农村常住人口、农林牧渔总产值和农村居民人均可支配收入数据，来源于 2009—2019 年重庆市各区（县）的统计年鉴和《湖北农村统计年鉴》；各区（县）的农林牧渔总产值指数数据来源于历年的重庆市统计年鉴和湖北省统计年鉴；地表水资源量由历年的重庆市水资源公报和湖北省水资源公报获得；其余数据，如各污染单元的产污系数、入河系数等则主要参考相关文献。第 4～9 章所用的数据，绝大多数为一手数据，来自实地的调研、考察、实验、访谈和调查问卷。

1.5　特色与创新

近十几年，关于农业面源污染的研究很多，且各有特色。而本书的特色与创新之处在于：

第一，通过对时间和空间尺度的拓展，进一步明确了三峡库区农业面源 TN 和 TP 排放的地域排序，识别出了重点防控地域和污染单元。以往对三峡库区面源污染负荷的研究，空间上多局限于重庆段或湖北段，时间上多关注前三峡时期。在本书中，空间上将库区的重庆段与湖北段作为整体，时间上延伸至后三峡时期（2008—2018 年）。通过时空序列的延展，更为全面地识别了以下内容：①2008—2018 年，三峡库区农业面源的 TN 排放量波动降低，年均排放量为 39 770.55 t；TP 排放量波动上升，年均排放量为 8 795.23 t。农田化肥和畜禽养殖是最主要的污染贡献单元。②各区（县）的 TN 和 TP 年均排放量分别在 374～6 046 t 和 105～1 267 t。开州、丰都分别是农田化肥污染、畜禽养殖污染最严重的区（县）。③库区 TN 排放强度、畜禽养殖与农村生活单元的 TN、TP 排放强度均存在显著的"倒 U 型"EKC 关系，目前已跨越拐点。农田化肥 TP 排放强度、水产养殖与农田固体废物单元的 TN、TP 排放强度呈现显著的"直线型"EKC 关系，处于与经济同步增长的阶段。

第二，基于多学科工具的多维度研究，笔者尝试提出了三峡库区农业面源污染控制的系统性解决方案。本书从环境管理的角度，综合运用了环境科学、环境工程、环境经济、遥感和信息技术，以及参与式农户评估的方法，对库区农业面源污染的防治与管理开展了系统研究，得到了以下发现和建议：①初步建立了基于"3S"的农业面源污染动态监测可视化管理平台。②养殖场是主要的病原微生物污染源，应将其作为重点防控区域，在周围建立污水净化措施，进一步保障流域的微生物安全。③肉牛养殖的环境承载力随着规模化饲养污染资源化能力和资源化产品外销能力的提高而增加。④开展过面源污染防治试点项目的地区，农民对面源污染的认知与防控实践能力相对好一些。教育、技术援助和费用分摊可能是促进农民采用 BMPS 的有效政策工具。当地政府需加强公共服务的均等化，统筹安排包括旧沼气池在内的农村污染处理设施的维护和修复计划项目。⑤库区农村生活污水分散处理宜采用"村巡视、镇维护、县监督"的管理模式，工艺优选排序为小型人工湿地、稳定塘、稳定塘+人工湿地、土地渗滤池、曝气生物滤池、沼气净化池。建议通过体制先行、分类定标、厂网一体、经费共担等措施，促进库区乡镇污水处理设施的长期稳定运行。⑥三峡库区农业面源污染的防控，应采用"源头控制—迁移途径阻截—末端治理"多级联控的 BMPS 技术体系。管理体系的建设，建议法律法规先行，政府主导，多元共治，重视技术研发和农民教育，设计激励性政策作为强制型政策的有效补充。

第 2 章

研究区域概况

三峡库区是指由于三峡枢纽工程的修建而被淹没的区域,地处四川盆地与长江中下游平原的接合部,跨越鄂中山区峡谷及川东岭谷地带,北屏大巴山、南依川鄂高原(105°44′~111°39′E, 28°32′~31°44′N)。本书中所指的库区,与重庆市和湖北省统计年鉴的统计口径一致,范围包括重庆市所辖的巫山县、巫溪县、奉节县、云阳县、开州区(原开县)、万州区、忠县、涪陵区、丰都县、武隆区(原武隆县)、石柱县、长寿区、渝北区、巴南区和江津区 15 个区(县),以及湖北省所辖的宜昌市夷陵区(原宜昌县)、秭归县、兴山县和恩施州巴东县 4 个区(县)[①]。重庆的核心城区(包括渝中区、北碚区、沙坪坝区、南岸区、九龙坡区、大渡口区和江北区)虽然在地理位置上属于库区,但城市化程度较高,属于都市圈,几乎没有传统农业,所以未列入研究区中。

三峡库区总面积为 5.80 万 km^2,户籍人口为 1 715.64 万人(截至 2018 年),共有 1 711 个村庄。这一区域的生态环境保护、地质灾害防治和移民安稳致富,对三峡工程的长期安全运行,以及长江中下游的防洪和生态安全具有特殊的、重要的战略意义。

2.1 库区重庆段

2.1.1 自然地理

三峡库区重庆段位于 105°49′~110°12′E、28°32′~31°44′N,面积约为 4.96 万 km^2,约占整个三峡库区总面积的 85.6%。该段属亚热带湿润季风气候,年均气温为 16.7~

---

① 本书研究时间跨度较大(2008—2018 年),其间个别县(区)名称有所变动,新旧名称书中均有涉及。

18.7℃，年均降水量为 1 000～1 200 mm，具有冬暖春早、夏热秋迟、湿度大、云雾多等特征。物种资源丰富，区域森林覆盖率为 22.3%，地带性植被以亚热带常绿阔叶林、暖性针叶林为主。

库区重庆段地质构造非常复杂，地跨川东褶皱带、川鄂湘黔隆起褶皱带和大巴山断褶带三大构造单元，矿产资源种类繁多。地貌格局受地质构造影响，以丘陵、山地为主（共占 95.7%），并大致分为 3 个地貌区：东北部大巴山区，坡地重力侵蚀比较突出；中部平行岭谷区，地貌相对平顺；东部、东南部和南部巫山大娄山区，以岩溶地貌为主。总体来说，地表起伏大，地形较为破碎，平坝、平缓土地面积小，缓坡、斜坡面积大，易发生水土流失。

库区重庆段主要土壤类型有紫色土、黄壤、水稻土、黄棕壤、新积土、石灰土、棕壤、山地草甸土、黄褐土、粗骨土等。其中，紫色土的面积最广（约占 36.03%），主要分布于 1 200 m 以下的平行岭谷区的谷地、丘陵河谷、倒置山和部分褶皱低山的内槽，水热条件优越，土质较肥沃，抗侵蚀力弱。黄壤的面积排名第二（约占 23.10%），主要分布在海拔 500～1 500 m 的倒置低、中山和褶皱低、中山区，土性多数贫瘠，土壤侵蚀较严重。

库区重庆段江河纵横，水系发达。长江干流自西南向东北贯穿重庆，全长 683.8 km，乌江、嘉陵江为南北两大支流，形成不对称的、向心的网状水系。另外，还有涪江、綦江、御临河、龙溪河、大宁河、小江等几十条支流水系，常年回水区支流达 24 条。受降水的年内分配，以及暴雨历时短、强度大等特点的影响，库区重庆段的地表径流和泥沙多集中在 5—9 月。

2.1.2　社会经济

根据《2019 重庆统计年鉴》，2018 年年末，重庆库区的户籍人口为 1 560.55 万人（占重庆市的 45.85%），其中城镇人口 652.17 万人，农村人口 908.38 万人；常住人口 1 353.34 万人，其中城镇人口 822.92 万人，农村人口 530.42 万人。与 2008 年年末相比，重庆库区的户籍城镇人口增长了 318.34 万人，农村人口减少了 255.31 万人；常住城镇人口增加了 431.97 万人，农村人口减少了 5.36 万人。从这些数据可以看出，近 10 年重庆库区的户籍人口与常住总人口均有所增加，很多农村人口走向了城市。约 58% 的农村户籍人口实际的生活地点已经不在当地，他们有的就近进城务工，有的外出到别的省份打工，为库区和临近省（市）的城市化进程做出了贡献，但也造成了当地农村劳动力的相对短缺。

2018 年年末，重庆库区第一产业的增加值为 681.78 亿元（占重庆市的 48.52%），其中，农业与牧业的增加值之比约为 4∶1。规模以上工业的企业数为 2 158 个，工业总产值为 8 066.87 亿元（占重庆市的 38.99%），全员劳动生产率为 38.30 万元/（人·a）。社会消费品零售总额为 2 717.74 万元。普通高等学校 23 所、中学 538 所、小学 1 256 所。卫生机构数 9 143 个。社会经济与文教卫生事业均比 2008 年有了长足的发展和进步。

2.2　库区湖北段

2.2.1　自然地理

三峡库区湖北段地处 110°04′~111°39′E、31°04′~31°34′N，约占三峡库区总面积的 14.4%。该段属亚热带大陆性季风气候，气候湿润温和，夏季多雨，冬季较暖少雨雪，年均气温为 14~18℃，终年日照时数高于 1 300 h。森林覆盖率近 1/3，其中自然植被主要是亚热带常绿阔叶林，还有部分由青冈属、栎属树种构成的暖温带及寒温带植物。

该段位于我国二级阶梯东部边界处，受水文作用、地质构造、岩性控制等诸多因素的影响，地形十分复杂，呈现出西高东低的态势。各种类型的地貌面积，山地约占 2/3，丘陵约占 1/4，平原和盆地不足 10%。成土母质较为复杂，土壤发育种类繁多，分为 7 个土类和 16 个亚类。在各类土壤中，紫色土占 48%，石灰土占 35%，黄棕壤和黄壤大约占 17%。耕地以梯田和坡耕地为主，基本分布于长江干支流两岸。

库区湖北段属于长江水系，河道溪流非常多，流域内年径流量充足，并且大多集中于汛期。河溪之间形态特征各不相同，区内年内水位变幅可高达 50 m。汛期水位日上涨及下落幅度也非常大，其中涨幅可高达 10 余 m。峡谷段水流流速大，最高可达 6~7 m/s，最低也不低于 3 m/s。

2.2.2　社会经济

根据《2019 宜昌市统计年鉴》和《2018 年巴东县国民经济和社会发展统计公报》，2018 年年末，湖北库区的户籍人口为 155.09 万人，其中城镇人口 39.73 万人，农村人口 115.36 万人；常住人口 149.24 万人。与 2008 年年末相比，湖北库区城镇人口增长了 11.37 万人，农村人口减少了 12.86 万人，农村人口进城务工的趋势与重庆库区类似。

由于地理位置的制约，湖北省三峡库区的经济发展曾远远落后于湖北省平均水平。但是近年来，湖北库区充分利用其水能资源丰富的自然禀赋，依托三峡大坝和葛洲坝，抓住国家大量资金投入的契机，在经济社会方面取得了一定的发展。2018 年年末，湖北库区生产总值为 939.57 亿元，其中，第一产业增加值为 120.34 亿元。社会消费品零售总额为 316.08 亿元。普通高等学校 23 所，中学 67 所，小学 132 所。总体来说，人均社会经济与文教卫生指标值虽然略低于湖北省的平均水平，但相较于 2008 年，已经有了较大的发展和进步。

2.3 三峡库区生态屏障区

三峡库区生态屏障区是《三峡后续工作总体规划》中提出的一个新地理名词。它是指三峡水库长江两岸 175 m 水位线至第一道山脊线范围内的区域。该区域是三峡库区生态环境敏感、地质灾害多发、移民集中安置最为突出的矛盾交织区，在推进长江流域环境保护，促进库区人—自然耦合系统的健康发展中具有潜在的重要作用，因此也是三峡后续工作阶段生态环境建设与保护的重点和难点地区。

依据《三峡后续工作总体规划》，2008 年三峡水库生态屏障区的总面积为 5 527.55 km²，总人口为 491.04 万人。其中，城集镇面积为 536.73 km²，人口为 284.14 万人；农村面积 4 990.82 km²，人口为 206.90 万人。按照生态功能要求，生态屏障区的农村区域被划分为库周生态保护带和生态利用区两个区域。

生态保护带是指沿库周土地征用线以上水平投影 100 m 宽的区域。这是生态屏障区中人类活动离三峡水库最近的区域，其主要功能为保持水土、削减入库污染负荷和改善库周景观。据《三峡后续工作总体规划》，该区域 2008 年的人口数为 20.80 万人，土地面积为 69.82 万亩（1 亩 ≈ 1/15 hm²），人口密度是当时全国平均水平的 3.13 倍。当年的土地利用现状中，生态保护带共有耕地 189 103 亩，其中旱地 155 201 亩（25°以上的旱地 45 534 亩）；园地 68 157 亩；林地 271 566 亩；草地 53 782 亩；水域及水利设施用地 7 070 亩；建设用地 68 978 亩；其他土地 39 542 亩。生态保护带的农耕地侵蚀量占当年土壤侵蚀总量的 60%，人地矛盾较为突出。

生态利用区则是指库周生态保护带和城集镇以外的区域，土地面积为 678.80 万亩。其主导功能为在满足生态建设和环境保护的同时，通过合理地利用土地，满足留居人口环境改善、生产生活的需要。

三峡库区是本书的总体研究区域。我们将以整个库区作为研究对象，对农业面源污染负荷、农村污水治理、农业面源污染防治 BMPS 框架进行分析探讨。但是，三峡库区面积较大，各区（县）的自然地理与社会经济发展存在异质性，若想进行更深入的研究，还需从中筛选出农业面源污染更为典型的区域。为此，我们选取了三峡生态屏障区。因为，它既是三峡库区生态环境最为敏感的农村地区，也是《全国农业可持续发展规划（2015—2030 年）》和《农业环境突出问题治理总体规划（2014—2018 年）》中要求开展面源污染综合防治示范建设的重点地区之一。本书在动态监测、农业面源污染对地表水体及水源水水质的影响、畜禽养殖的污染控制与环境承载力、参与式农户评估等章节中，将以三峡库区的生态屏障区作为研究靶区。

2.4   本章小结

本书的总体研究区域为三峡库区，范围包括重庆市所辖的 15 个区（县）和湖北省所辖的 4 个区（县）。后续章节中，我们在对农业面源污染排放量、农村污水治理、农业面源污染防治 BMPS 的框架进行分析探讨时，以整个库区作为研究对象；在进行动态监测、农业面源污染对地表水体及水源水水质的影响、畜禽养殖的污染控制与环境承载力、参与式农户评估等研究时，以三峡库区的生态屏障区作为研究靶区。

第 3 章
三峡库区农业面源污染现状评估

3.1 农业面源污染负荷核算

考虑三峡库区地形特殊、涉及的行政区（县）多、地理尺度较大等特点，对于机制模型的需求数据而言，实证模型所需的农业统计数据更容易获得，因此，本章选用单元调查法，对三峡库区农业面源污染的现状进行估算。

本章内容主要根据中国人民大学 2016 年的研究报告《三峡库区生态屏障区面源污染防控关键技术研究与示范》和已发布的论文（冯琳 等，2020）整理而得。

3.1.1 单元调查法模型

单元调查法是针对不同单元分别进行调查、评估的方法。该方法的核心是识别调查单元，并确定各单元的评估系数（赖斯芸 等，2003）。利用单元调查法对农业面源污染核算的具体过程包括 5 个相互联系的过程（图 3-1）。首先，通过实地调查分析区域面源污染的主要来源，确定出若干个产污单元；其次，进行文献调研，深入了解各个单元农业面源污染发生的机制及规律，确定各调查单元的污染物相关系数；最后，建立农业面源污染负荷估算模型，结合各类统计数据，核算各个单元的农业面源污染物排放量，并对各单元农业面源污染物排放量进行加和，即得到所在地区农业面源污染的排放总量。

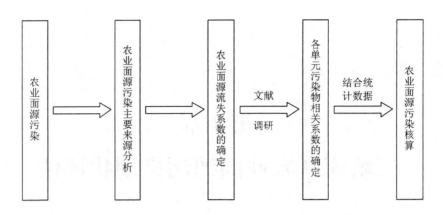

图 3-1　单元调查法核算技术路线（引自葛继红，2015）

本书采用赖斯芸等（2003）设计的农业面源污染负荷的估算模型，具体见式（3-1）：

$$E = \sum_i SU_i \rho_i LC_i(SU_i, \beta_i, C) \qquad 式（3-1）$$

式中：E 为进入水系的农业面源污染物的排放量；SU_i 为单元 i 指标统计数；ρ_i 为单元污染物产污强度；$LC_i(SU_i, \beta_i, C)$ 为单元 i 污染物的总入河系数，它由单元特性（SU_i）、资源利用率（β_i）和区域地理环境特征（C）共同决定。

根据三峡库区的实际情况，并综合陈敏鹏（2006）、葛继红（2015）等学者已有的研究，本书将农田化肥、畜禽养殖、水产养殖、农田固体废物以及农村生活污染确定为当地农业面源污染的主要来源，从而产生出 5 个核算单元，见表 3-1。

表 3-1　三峡库区农业面源污染核算单元

污染来源	调查单元	调查指标	单位
农田化肥	氮肥、磷肥施用	施用量（折纯）	t
畜禽养殖	牛、猪、羊、家禽	存栏量/出栏量	万头（只）
水产养殖	水产品	产量	t
农田固体废物	稻谷、小麦、玉米、薯类、豆类、油料及蔬菜等	产量	t
农村生活污染	常住乡村人口	常住农村人口	万人

资料来源：在葛继红（2015）文献的基础上改编而得。

基于单元调查法的污染物核算指标一般有 TN、TP 和 COD。由于氮、磷是造成水体富营养化的主要因子（张维理 等，2004），而富营养化也正是目前三峡库区水环境的主要问题之一，因此，本书以 TN 和 TP 作为污染物的主要核算指标。

各调查单元污染排放量的计算分解如下：

（1）农田化肥

农田化肥污染排放量=化肥（氮肥、磷肥）施用折纯量×入河系数。本书参照陈玉成等（2008）的研究成果，将氮肥、磷肥的入河系数分别取 10.07%、5.99%。

（2）畜禽养殖

畜禽养殖污染排放量=畜禽养殖饲养量（存栏量或出栏量）×粪便排放系数×粪便中污染物平均含量×入河系数。根据重庆各区（县）统计年鉴和湖北省的农村统计年鉴，猪、牛、羊、鸡、鸭是三峡库区主要的畜禽饲养种类。牛、羊的饲养期超过一年，饲养量应按年末存栏量计；猪、鸡、鸭饲养期不足一年，饲养量按当年出栏量计。畜禽粪便的排放系数、污染物含量见表 3-2、表 3-3，入河系数取 5%，均为国家环境保护总局（2002）推荐数据。

表 3-2　畜禽粪便排放系数

项目	单位	牛/头	猪/头	羊/只	鸡/只	鸭/只
粪	kg/d	20	2	0.47	0.12	0.13
尿	kg/d	10	3.3	—	—	—
饲养期	d	365	199	365	210	210

资料来源：国家环境保护总局（2002）。

表 3-3　畜禽粪便中污染物平均含量　　　　　　　　　　　　　　　单位：kg/t

粪尿类别		COD_{Cr}	BOD_5	$NH_4\text{-}N$	TP	TN
牛	粪	31.00	24.35	1.70	1.18	4.73
	尿	6.00	4.00	3.50	0.40	8.00
猪	粪	52.00	57.03	3.10	3.41	5.88
	尿	9.00	5.00	1.40	0.52	3.30
羊	粪	4.63	4.10	0.80	2.60	7.50
	尿	4.63	4.10	0.80	1.96	14.00
鸡	粪	45.00	47.90	4.78	5.37	9.84
鸭	粪	46.30	30.00	0.80	6.20	11.00

资料来源：国家环境保护总局（2002）。

（3）水产养殖

水产养殖污染排放量=水产品总产量×水产养殖污染物排放系数。污染物排放系数通过查阅《第一次全国污染源普查水产养殖业污染产物排放系数手册》获得，总氮的排放系数为 4.754，总磷的排放系数为 0.641。

（4）农田固体废物

农田固体废物排放量＝某作物产量×某作物秸秆产出系数×（1−秸秆利用率）×秸秆养分含量×入河系数。考虑数据的可获取性，本书主要核算稻谷、小麦、玉米、薯类、豆类、油料作物秸秆及蔬菜废弃物。作物的秸秆产生系数、养分含量参考借鉴赖斯芸（2003）的数据；秸秆的平均入河系数取 0.01，平均秸秆综合利用率取 86%（葛继红，2011）。各类农作物秸秆粮食比和蔬菜固体废物比见表 3-4，农作物固体废物养分含量及产污系数见表 3-5。

表 3-4　农作物秸秆粮食比和蔬菜固体废物比

农作物种类	稻谷	小麦	玉米	豆类	薯类	花生	油菜	油料
秸秆：粮食	0.97	1.03	1.37	1.71	0.61	1.52	3.00	2.26
蔬菜种类	白菜	莲花白	菠菜	西芹	生菜	青花	平均值	—
废弃物：果实	0.51	0.70	0.31	0.58	0.36	6.36	1.47	—

表 3-5　农作物固体废物养分含量及产污系数

农作物种类	TN		TP	
	养分含量/%	产污系数/（kg/t）	养分含量/%	产污系数/（kg/t）
稻谷	0.60	5.82	0.05	0.42
小麦	0.50	5.15	0.09	0.90
玉米	0.78	10.69	0.19	2.39
蔬菜	0.18	0.92	0.09	0.45
油料	2.01	45.43	0.14	3.06
豆类	1.30	22.23	0.14	2.24
薯类	0.30	1.83	0.12	0.67

资料来源：葛继红. 江苏省农业面源污染及治理的经济学研究——以化肥污染与配方肥技术推广政策为例[D]. 南京：南京农业大学，2011.

（5）农村生活污染

农村生活污染主要分为生活污水和垃圾两部分。农村生活污染物排放量=农村常住人口数×365×（人均生活污水排放量×生活污水中 TN、TP 的排放系数×入河系数+人均生活垃圾排放量×生活垃圾污染中 TN、TP 的排放系数×入河系数）。参考重庆市环境监测中心的监测结果，库区农村的人均排放污水量取 86.9 L/d，排放垃圾量取 0.67 kg/d；生活污水 COD、BOD_5、TN、TP 分别取 292.69 mg/L、138.33 mg/L、44.14 mg/L、4.49 mg/L，入河系数取 0.30；生活垃圾渗滤液 COD、BOD_5、TN、TP 分别取 50 mg/kg、5 mg/kg、1 mg/kg、0.2 mg/kg，入河系数取 0.20。

3.1.2　基础数据特征

3.1.2.1　农田化肥

（1）化肥施用总量

2008—2018 年，三峡库区的化肥施用量如图 3-2 和图 3-3 所示。重庆段呈先上升后下降的趋势，2014 年的化肥施用量最多，达 727 809 t。湖北段化肥施用量先升后降，2015年的化肥施用量最多，达 150 006 t，但氮肥施用量却一直在下降，这可能与当地施肥种类的调整有关。

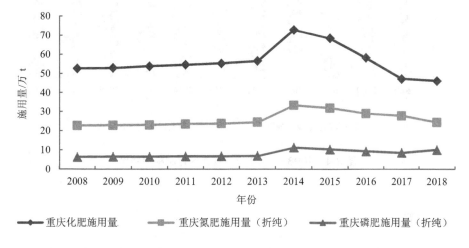

图 3-2　2008—2018 年三峡库区重庆段化肥施用量

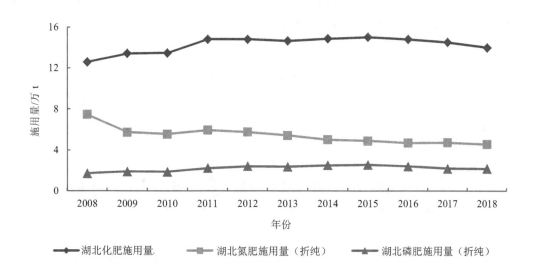

图 3-3　2008—2018 年三峡库区湖北段化肥施用量

（2）化肥施用强度

2008—2018 年，三峡库区的化肥施用强度如图 3-4 所示。重庆段以 2014 年为转折点，化肥施用强度先升后降，平均值为 242.1 kg/hm²。湖北段的平均化肥施用强度为 285.5 kg/hm²。与国家推荐的标准 225 kg/hm² 相比，库区的化肥施用强度已经超标。

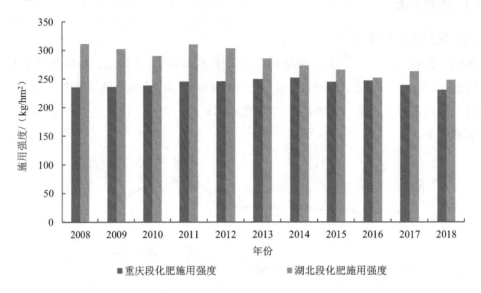

图 3-4　2008—2018 年三峡库区化肥施用强度

3.1.2.2　畜禽养殖

根据重庆市与湖北省 2008—2018 年的农业畜禽养殖统计年鉴数据，三峡库区的主要畜种是生猪，其次是羊、牛。家禽主要为鸡和鸭，鹅、兔较少。2008—2018 年，库区畜禽的存栏量、出栏量如图 3-5～图 3-8 所示。

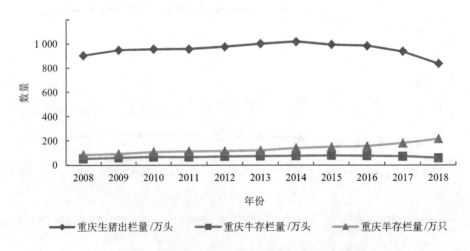

图 3-5　2008—2018 年三峡库区重庆段牲畜饲养量

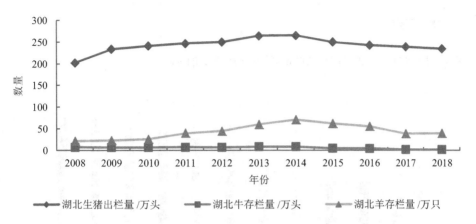

图 3-6　2008—2018 年三峡库区湖北段牲畜饲养量

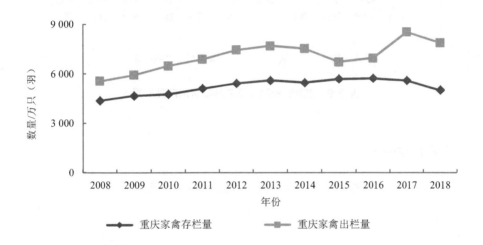

图 3-7　2008—2018 年三峡库区重庆段家禽存栏量、出栏量

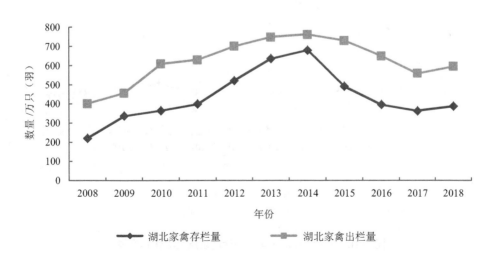

图 3-8　2008—2018 年三峡库区湖北段家禽存栏量、出栏量

3.1.2.3　水产养殖

2008—2018 年，三峡库区水产品产量如图 3-9 所示。

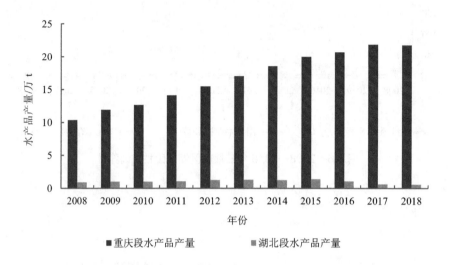

图 3-9　2008—2018 年三峡库区水产品产量

3.1.2.4　农田固体废物

2008—2018 年，三峡库区各类农作物产量如图 3-10、图 3-11 所示。

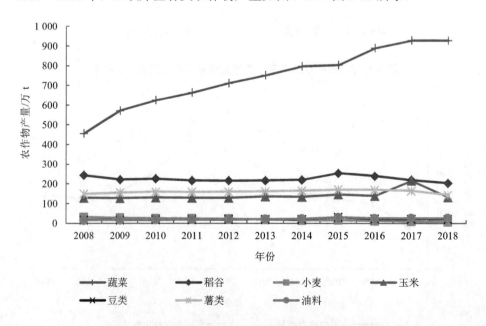

图 3-10　2008—2018 年三峡库区重庆段农作物产量

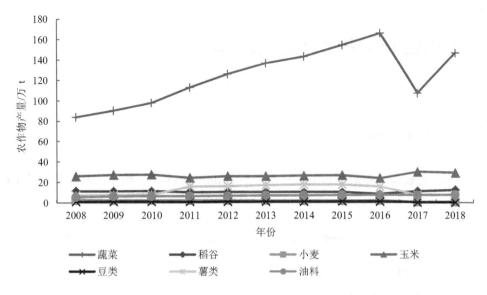

图 3-11　2008—2018 年三峡库区湖北段农作物产量

3.1.2.5　农村生活污染

2008—2018 年,三峡库区农村常住人口的情况如图 3-12 所示。人口总数除了在 2016 年与 2017 年有所回升,其余时间段基本呈下降趋势。2018 年人口数降到最低,重庆段为 822.18 万人,湖北段为 126.81 万人。

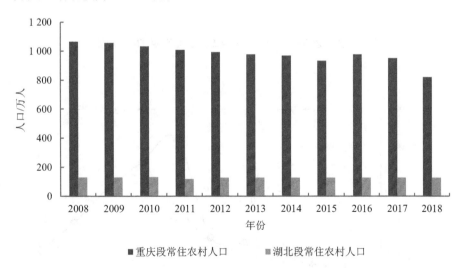

图 3-12　三峡库区重庆、湖北段常住农村人口

3.2　农业面源污染排放时间尺度分异

3.2.1　污染排放总量

利用 3.1 的模型、参数和数据，计算得到 2008—2018 年三峡库区农业面源的 TN 和 TP 排放量，如图 3-13、图 3-14 所示。

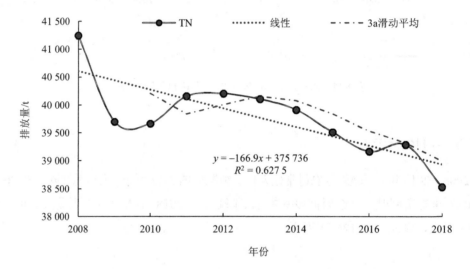

图 3-13　2008—2018 年三峡库区农业面源 TN 排放量

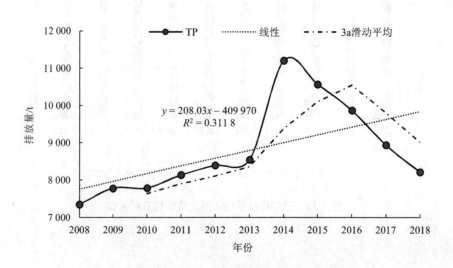

图 3-14　2008—2018 年三峡库区农业面源 TP 排放量

TN 从 2008 年的 41 248.62 t 减少到 2018 年的 38 527.86 t，年均排放量 39 770.55 t。11 年间 TN 排放整体呈显著下降趋势，拟合曲线的斜率为−166.9 t/a（sig=0.000）。TP 从 2008 年的 7 347.19 t 增加到 2018 年的 8 210.21 t，平均排放量为 8 795.23 t。11 年间 TP 排放先升后降，但总体呈上升趋势，拟合曲线的斜率为 208.03 t/a（sig=0.000）。其中，2014 年 TP 排放的年增幅最大，为 31.13%。开州的磷肥施用量在当年骤然增加，是造成这一结果的主要原因。

3.2.2　各单元排放量

在获得三峡库区农业面源污染排放总量的基础上，我们进一步分析了各单元污染排放量随时间变化的特点，如图 3-15、图 3-16 所示。

图 3-15　2008—2018 年三峡库区不同污染单元 TN 排放量

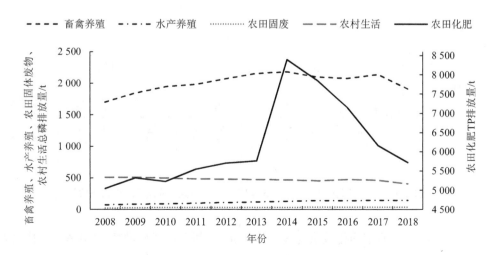

图 3-16　2008—2018 年三峡库区不同污染单元 TP 排放量

农田化肥的 TN 排放整体上波动减少，从 2008 年 30 407.67 t 下降到 2018 年 28 006.89 t，降幅约 8%；TP 排放虽然总体增幅达 13.3%，但在 2015—2018 年期间持续下降。以上结果可能与国家 2015 年颁布《到 2020 年化肥使用量零增长行动方案》后，库区积极开展橘渣饲料化、肥料化和沼液利用等技术研究，减施化肥，增施有机肥有关。

畜禽养殖的 TN 排放略有减少，2018 年减至 5 163.34 t，降幅约 0.58%；TP 排放波动上升，2018 年增至 1 908.91 t，总体增幅约 12.4%。这可能与"十二五"期间，丰都曾大力发展肉牛养殖业，江津、开州、云阳和万州新开了一些大型生猪养殖厂有关。

农村生活的 TN 排放变化不大，TP 排放略有下降。水产养殖、农田固体废弃物的 TN 与 TP 排放略有上升。

3.3 农业面源污染排放空间尺度分异

3.3.1 区（县）TN 及 TP 排放量

2008—2018 年，三峡库区 19 个区（县）农业面源 TN、TP 的年均排放量空间差异明显，如图 3-17 所示。

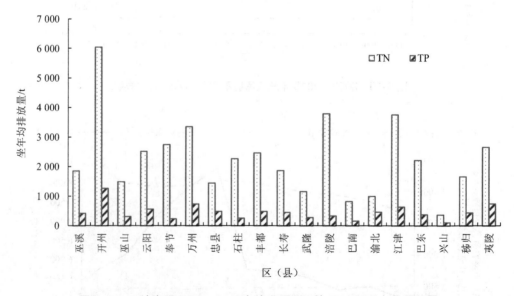

图 3-17 三峡库区 2008—2018 年农业面源污染 TN 及 TP 年均排放量

各区（县）TN 的年均排放量为 374～6 046 t。其中，开州最高（6 046 t），其次为涪陵、江津、万州（3 000～4 000 t），渝北、巴南和兴山最少（小于 1 000 t）。渝北、巴南在重庆主城区外围，城镇化建设较为发达，农业生产活动较少；而湖北兴山地形复杂，"八分半山一分田"，种植业较少，所以这 3 个区（县）的 TN 排放量比较低。

各区（县）TP 的年均排放量为 105～1 267 t。其中，开州最高（1 267 t），其次为夷陵、万州、江津、云阳（600～800 t），巴南和兴山最少（小于 200 t）。相对于 TN 排放量的地区排序，夷陵、渝北的 TP 次序前移，其农用磷肥施用量较多可能是主要原因。

3.3.2 污染单元对各区（县）TN 及 TP 的排放贡献

在获得三峡库区各区（县）2008—2018 年农业面源污染 TN 及 TP 年均排放量的基础上，我们进一步分析了 5 个污染单元对各个区（县）TN 和 TP 的排放贡献，如表 3-6、图 3-18、表 3-7、图 3-19 所示。

表 3-6 2008—2018 年污染单元对各区（县）TN 的排放贡献 单位：%

区（县）	农田化肥	畜禽养殖	水产养殖	农田固体废物	农村生活污染
巫溪	77.51	11.62	0.26	0.20	10.10
开州	81.61	8.73	1.87	0.14	7.65
巫山	72.22	12.73	0.23	0.24	14.58
云阳	60.79	20.45	1.65	0.25	16.87
奉节	72.72	12.63	0.61	0.22	13.82
万州	76.99	11.70	2.89	0.27	8.16
忠县	46.17	26.59	2.90	0.50	23.84
石柱	73.16	18.39	0.58	0.17	7.70
丰都	54.83	32.95	1.34	0.22	10.66
长寿	61.65	16.75	7.26	0.35	14.00
武隆	62.24	22.99	1.12	0.34	13.32
涪陵	81.88	8.91	2.28	0.29	6.63
巴南	34.84	25.35	11.08	0.63	28.09
渝北	60.59	18.25	3.45	0.35	17.36
江津	75.55	9.65	2.48	0.25	12.06
夷陵	80.07	11.78	1.45	0.22	6.48
秭归	81.50	9.60	0.17	0.20	8.53
兴山	53.47	30.70	0.29	0.50	15.03
巴东	77.91	13.70	0.32	0.19	7.88
均值	67.67	17.02	2.22	0.29	12.78

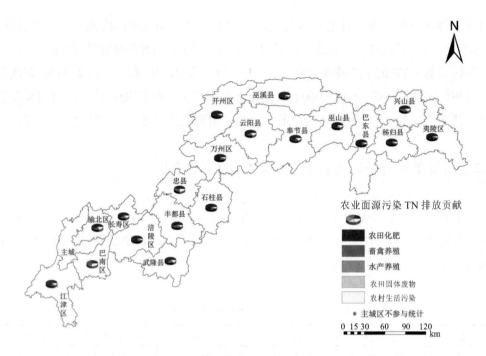

图 3-18　2008—2018 年污染单元对各区（县）TN 的排放贡献

表 3-7　2008—2018 年污染单元对各区（县）TP 的排放贡献　　　　　单位：%

区（县）	农田化肥	畜禽养殖	水产养殖	农田固体废物	农村生活污染
巫溪	76.65	18.43	0.15	0.28	4.48
开州	77.84	16.36	1.34	0.34	4.12
巫山	71.87	20.66	0.14	0.33	7.00
云阳	65.73	25.15	0.99	0.44	7.68
奉节	37.95	44.05	0.95	0.81	16.24
万州	75.39	18.46	1.79	0.56	3.80
忠县	67.71	23.84	1.11	0.24	7.10
石柱	55.80	36.15	0.69	0.38	6.97
丰都	54.99	38.34	0.92	0.25	5.51
长寿	61.39	28.63	3.89	0.27	5.81
武隆	68.45	25.08	0.61	0.43	5.43
涪陵	49.14	38.63	3.47	1.20	7.56
巴南	26.20	51.00	7.61	0.94	14.24
渝北	77.50	17.48	1.00	0.23	3.80
江津	66.53	23.83	1.97	0.37	7.31
夷陵	81.11	15.64	0.70	0.19	2.36
秭归	84.60	12.06	0.09	0.19	3.06
兴山	57.78	36.12	0.14	0.49	5.47
巴东	17.74	23.78	0.25	0.26	4.67
均值	61.87	27.04	1.47	0.43	6.45

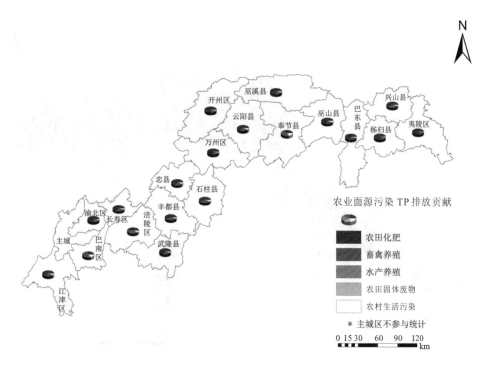

图 3-19 2008—2018 年污染单元对各区（县）TP 的排放贡献

从数值比例来看，除巴南的农村生活单元对 TN 的贡献率大于畜禽养殖单元，奉节、巴南的畜禽养殖单元对 TP 的贡献率大于农田化肥以外，其他区（县）5 个污染单元对农业面源 TN、TP 排放量的贡献率由大到小的顺序均为：农田化肥＞畜禽养殖＞农村生活＞水产养殖＞农田固体废弃物。

总体来说，三峡库区各区（县）中，农田化肥和畜禽养殖单元对 TN 与 TP 的贡献之和基本占据了污染排放贡献的 80%以上，是污染源中的最主要的贡献部分。这与蔡金洲等（2012）发现农田化肥、畜禽养殖和农村生活污染三项总和占三峡库区湖北段面源总负荷的比例为 98.44%的结论相契合。

正因如此，下面我们将针对农田化肥污染与畜禽养殖污染这两个单元做进一步的空间分析。

3.3.3 区（县）农田化肥污染物排放量

三峡库区各区（县）农田化肥的年均 TN 排放量，如图 3-20 所示。重庆段开州的化肥 TN 排放量最高，万州、涪陵、江津次之，排放量最低的为重庆段渝北和湖北段兴山。

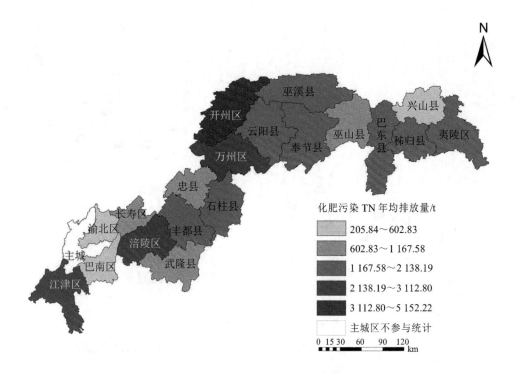

图 3-20   2008—2018 年三峡库区各区（县）化肥污染 TN 年均排放量

各区（县）农田化肥的逐年 TP 排放量与年均 TP 排放量如图 3-21 所示。重庆段开州的化肥 TP 排放量最高，万州、夷陵次之，排放量最低的为重庆段巴南和湖北段兴山。

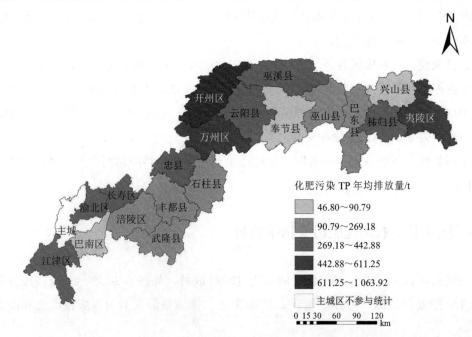

图 3-21   2008—2018 年三峡库区各区（县）化肥污染 TP 年均排放量

3.3.4　区（县）畜禽养殖污染物排放量

三峡库区各区（县）畜禽养殖的年均 TN 排放量如图 3-22 所示。重庆段丰都的畜禽养殖 TN 排放量最高，云阳次之，再次是石柱、开州、万州，排放量最低的为湖北段兴山。

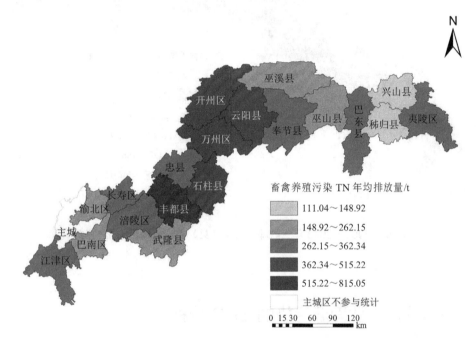

图 3-22　2008—2018 年三峡库区各区（县）畜禽养殖污染 TN 年均排放量

各区（县）畜禽养殖的年均 TP 排放量如图 3-23 所示。重庆段丰都的畜禽养殖 TP 排放量最高，其次是江津，再次是开州、云阳、万州，排放量最低的仍然是湖北段兴山。

可以看出，在 19 个区（县）中，开州的化肥 TN、TP 年均排放量最多，丰都的畜禽养殖 TN、TP 年均排放量最多。库区的农业面源污染防治工作，对这 2 个区（县）需要给予较多的关注。

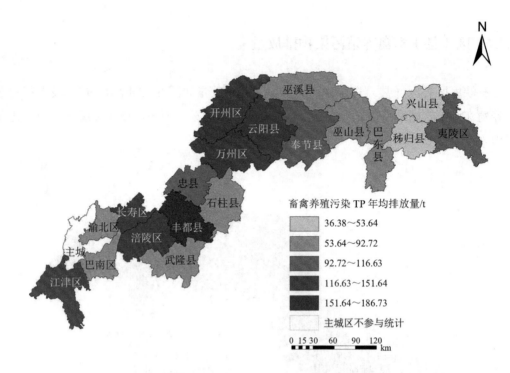

畜禽养殖污染 TP 年均排放量/t

	36.38~53.64
	53.64~92.72
	92.72~116.63
	116.63~151.64
	151.64~186.73
	主城区不参与统计

0 15 30   60   90   120
                        km

图 3-23   2008—2018 年三峡库区各区（县）畜禽养殖污染 TP 排放量

3.4   三峡库区农业面源污染的 EKC 分析

根据污染负荷的评估值，探究经济增长与面源污染水平的内在联系，有助于识别各污染单元潜在的问题，为配套设计面源污染防治政策提供科学依据。"环境库兹涅茨曲线"（EKC）为环境—经济关系的实证研究提供了重要理论，它由 Grossman 与 Krueger（1991）和 Panayotou（1993）于 20 世纪 90 年代初最先提出。其含义是在经济发展水平较低的时候，环境污染伴随着经济的增长不断加剧，当经济发展达到一定水平，到达某个"拐点"后，环境污染的程度逐渐减缓，环境质量会随着经济发展逐渐得到改善。虽然传统的 EKC 一般为"倒 U 型"，但从全国和地区的实证研究结果看，农业面源污染的 EKC 有"倒 U 型"、"U 型"，甚至是"N 型"、"倒 N 型"、线性增长等多种可能。面板数据兼具时空信息，增加了数据的自由度并可降低解释变量间的共线性，可以弥补时序和截面数据的不足，提高 EKC 模型估计的有效性。三峡库区面源 EKC 的文献较少，且主要针对重庆段，采用的是时间序列数据，尚无基于面板数据的库区整体分析。

基于以上背景，本节将通过以上评估获得的面板数据求得污染排放强度，借助 EKC

理论，探究库区农业面源污染与农业经济增长的关系，以阐释 EKC 的现实意义（冯琳 等，2022）。

3.4.1　EKC 模型

利用面板数据进行 EKC 模型回归时，由于各区域在地理环境等方面存在异质性，所以被解释变量宜采用强度变量。考虑 EKC 的形状有多种可能性，先将其设为三次曲线，若不显著，再设为二次曲线，若还不显著，则拟合成线性模型。为减少异方差，本文对各指标进行对数处理，具体模型构建如式（3-2）：

$$\ln ANP_{it} = \beta_0 + \beta_1(\ln AGDP_{it}) + \beta_2(\ln AGDP_{it})^2 + \beta_3(\ln AGDP_{it})^3 + \varepsilon_{it} \qquad 式（3-2）$$

式中：ANP_{it} 表征污染排放强度（t/亿 m³），为第 i 个区（县）（全部或某个污染单元）在第 t 年的农业面源污染排放量/该区（县）第 t 年的地表水资源量；$AGDP_{it}$ 表示人均农业产值（万元/人），为第 i 个区（县）在第 t 年的实际农林牧渔总产值/农村常住人口；β_0 为截距项；β_1、β_2、β_3 为弹性系数；ε_{it} 为随机扰动项。

参与回归的具体指标设置如表 3-8。为消除通胀影响，借助农林牧渔总产值指数，将农业产值调整为以 2008 年为基期的实际值。面板数据的估计模型主要包括混合模型、随机效应模型及固定效应模型。依次利用 Eviews 软件中的 F-test、Hausman-test、LM-test 功能对 3 类模型进行选择。F-test 用于检验固定效应与混合效应的适用性，Hausman-test 用于检验固定效应与随机效应的适用性，LM-test 用于检验随机效应与混合效应的适用性。F-test 如果 P 值小于 0.05，则拒绝混合效应，固定效应模型更优。Hausman-test 如果 P 值小于 0.05，则拒绝随机效应，固定效应模型更优。LM-test 如果 P 值小于 0.05，则拒绝混合效应，随机效应模型更优。

表 3-8　农业面源污染指标与经济指标设置情况

类别	指标名称	污染物	指标单位	符号
被解释变量	总污染排放强度	TN	t/亿 m³	TNS
		TP		TPS
	农田化肥污染排放强度	TN	t/亿 m³	HFTNS
		TP		HFTPS
	畜禽养殖污染排放强度	TN	t/亿 m³	CQTNS
		TP		CQTPS
	水产养殖污染排放强度	TN	t/亿 m³	SCTNS
		TP		SCTPS
	农田固体废弃物污染排放强度	TN	t/亿 m³	GFTNS
		TP		GFTPS

类别	指标名称	污染物	指标单位	符号
被解释变量	农村生活污染排放强度	TN	t/亿 m³	SHTNS
		TP		SHTPS
解释变量	人均农业产值	—	万元/人	AGDP

3.4.2 面板单位根检验

面板数据兼具截面数据和时间序列数据的双重特性，为了识别面板数据中各组变量的平稳性、避免伪回归现象的存在，常采用 LLC、IPS、Fisher 等方法进行单位根检验。本节对库区及各污染单元的 TNS、TPS 和 AGDP 数据进行了上述检验，得到的平稳性结论一致，限于篇幅，文中仅列出 LLC 检验结果，如表 3-9 所示。所有变量的原始序列均拒绝了原假设，各变量均没有单位根，说明数据是长期平稳的，无需进行协整检验，可以构建面板模型。

表 3-9　三峡库区农业面源及各污染单元 TN、TP 排放强度的面板单位根（LLC）检验结果

类别	变量	原始序列	变量	原始序列	变量	原始序列
被解释变量	lnTNS	−5.58*** （0.00）	ln$CQTNS$	−6.16*** （0.00）	ln$GFTNS$	−6.28*** （0.00）
	lnTPS	−6.43*** （0.00）	ln$CQTPS$	−6.33*** （0.00）	ln$GFTPS$	−9.00*** （0.00）
	ln$HFTNS$	−4.66*** （0.00）	ln$SCTNS$	−5.90*** （0.00）	ln$SHTNS$	−7.41*** （0.00）
	ln$HFTPS$	−8.36*** （0.00）	ln$SCTPS$	−5.90*** （0.00）	ln$SHTPS$	−7.41*** （0.00）
解释变量	ln$AGDP$	−6.10*** （0.00）	(ln$AGDP$)^2	−44.48*** （0.00）	(ln$AGDP$)^3	−5.66*** （0.00）

注：*、**和***分别表示在 10%、5% 和 1% 水平显著；括号内数据为 P 值。

3.4.3 拟合结果

由于各组数据的三次曲线模型均未通过 10% 的显著水平检验，故先设为二次曲线。如不显著，再设为一次曲线，回归结果如表 3-10 所示。

表 3-10　三峡库区农业面源及各产污单元 TN、TP 排放强度的 EKC 回归结果

被解释变量	(ln$ADGP$)^2	ln$ADGP$	C	R^2	曲线形状	回归模型	拐点处的 AGDP/元
lnTNS	−0.33*** （0.01）	−0.24** （0.03）	4.70*** （0.00）	0.03	倒 U 型	随机效应	6 933.96
lnTPS	/	0.06（0.47）	3.31*** （0.00）	0.00	不显著	随机效应	/
ln$HFTNS$	/	−0.13（0.17）	4.34*** （0.00）	0.01	不显著	随机效应	/
ln$HFTPS$	/	0.22*（0.06）	2.78*** （0.00）	0.02	直线型	随机效应	/

被解释变量	$(\ln ADGP)^2$	$\ln ADGP$	C	R^2	曲线形状	回归模型	拐点处的 AGDP/元
$\ln CQTNS$	-0.60*** (0.00)	-0.35*** (0.00)	2.96*** (0.00)	0.84	倒 U 型	固定效应	7 464.05
$\ln CQTPS$	-0.59*** (0.00)	-0.31*** (0.00)	1.87*** (0.00)	0.84	倒 U 型	固定效应	7 670.93
$\ln SCTNS$	/	0.43*** (0.00)	0.40*** (0.00)	0.94	直线型	固定效应	/
$\ln SCTPS$	/	0.43** (0.00)	-1.61*** (0.00)	0.94	直线型	固定效应	/
$\ln GFTNS$	/	0.22*** (0.00)	-1.12*** (0.00)	0.87	直线型	固定效应	/
$\ln GFTPS$	/	0.22*** (0.00)	-1.12*** (0.00)	0.87	直线型	随机效应	/
$\ln SHTNS$	-0.51*** (0.00)	-0.65*** (0.00)	2.59*** (0.00)	0.86	倒 U 型	固定效应	5 268.38
$\ln SHTPS$	-0.51*** (0.00)	-0.65*** (0.00)	0.30*** (0.00)	0.86	倒 U 型	固定效应	5 268.38

注：*、**和***分别表示在 10%、5%和 1%水平显著。

TNS、CQTNS、CQTPS、SHTNS、SHTPS 与经济发展呈显著的"倒 U 型"关系，总体上模型拟合效果较好，说明伴随着农业发展，库区农业面源的 TN、畜禽养殖、农村生活的污染强度表现为"升-降"趋势。TNS 拟合的 R^2 值相对较小，可能是由于面源污染产生的机制较为复杂，仅将 AGDP 作为解释变量，对该模型回归结果的解释能力不足，种植结构、农业机械投入强度等因素或许应增设为该模型重要的控制变量（雷俊华，2020）。

经过一阶求导和自然底数的指数函数求值，得到 TNS 曲线拐点对应的 AGDP 为 6 933.96 元，CQTNS、CQTPS 的拐点分别为 7 464.05、7 670.93 元，SHTNS、SHTPS 的拐点为 5 268.38 元。对比三峡各年份的 AGDP，库区于 2011 年跨越了 TNS 的拐点，于 2012 年跨越了 CQTNS、CQTPS 的拐点，于 2008 年跨越了 SHTNS、SHTPS 的拐点。说明库区在畜禽养殖与农村生活单元的环境污染与经济发展已基本脱钩。究其原因，一方面是由于当地农民对畜禽养殖收入的依赖程度降低，以及外出打工使得农村常住人口减少；另一方面，库区两级政府自 2008 年实施了农村居民点污水处理示范项目，对这两个单元的拐点跨越做出了积极贡献。

HFTPS、SCTNS、SCTPS、GFTNS、GFTPS 与经济发展呈显著的"直线型"关系，说明库区农田化肥的 TP、水产养殖、农田固体废物的污染强度处于与经济同步增长的耦合阶段，需加以重视并科学防控。农用化肥单元 TPS 的一次曲线虽然模型显著，但拟合的 R^2 值较小。这可能是由于各区（县）在种植结构、磷肥施用种类、农业政策等方面存在差异，产生了门槛效应（侯孟阳 等，2019），从而使得 ADGP 在跨越门槛值前后对农田化肥 TPS 的影响有所不同，进而呈现出不完全的线性关系。TPS、HFTNS 与经济发展之间的关系不显著。

对于模型的稳健性检验，本文选用变量替换法（孙传旺 等，2019）。鉴于人均收入是衡量经济发展的常用指标之一，且曾用于世界银行 EKC 公式的推导以及北美自由贸易协定的环境效应分析（Grossman G M et al，1991），本文将解释变量替换为农村居民人均可支配收入，重新进行回归分析。结果显示新模型的回归系数，在显著性、方向和大小关系上与原回归模型基本一致，说明本研究的模型估计结果具有一定的稳健性。

3.5 本章小结

本章基于单元调查法，分析了 2008—2018 年三峡库区农业面源 TN 与 TP 负荷的时空分布特征。得出如下结论：

（1）三峡库区农业面源污染 TN 排放量呈波动降低趋势，年均排放量为 39 770.55 t。TP 排放量则呈波动上升趋势，年均排放量为 8 795.23 t。5 个污染单元对库区年均 TN、TP 排放量的贡献从高至低均为农用化肥＞畜禽养殖＞农村生活污染＞水产养殖＞农田固体废物，其中农田化肥和畜禽养殖两个单元的总贡献率大于 80%。

（2）各区（县）的 TN 和 TP 年均排放量分别在 374～6 046 t 和 105～1 267 t。19 个区（县）中，开州、丰都分别是农田化肥污染、畜禽养殖污染最严重的区（县），应该给予重点关注。

（3）基于 2008—2018 年的面板数据，三峡库区的 TN 排放强度、畜禽养殖与农村生活单元的 TN、TP 排放强度，与农业经济发展呈显著的"倒 U 型"关系，跨越拐点的时间分别为 2011 年、2012 年、2008 年。畜禽养殖与农村生活单元的环境污染与经济发展已基本脱钩。农田化肥的 TP 排放强度，以及水产养殖与农田固体废弃物单元的 TN、TP 排放强度与经济发展呈显著的"直线型"关系，它们处于与经济同步增长的阶段，需加以重视并科学防控。

第 4 章
基于 GIS 的农业面源污染典型小流域遴选

农业面源污染具有显著的地域特征，在一个较大的流域中，它往往存在不同类型的典型区。整合已有的研究，对库区进行基于农业面源污染特点的划分，是遴选典型小流域开展更深入的面源污染防治与管理研究的基础。

考虑研究的代表性和针对性，我们拟在三峡库区的生态屏障区遴选典型小流域。

4.1 农业面源污染区划方法

对于农业面源污染来说，如果某一区域具有典型性或代表性，那么，它所具有的基本特征在整个区域内应该有着较大的分布面积（温兆飞，2014）。为了获得三峡库区农业面源污染的典型研究靶区，从 GIS 空间分析的角度，首先，筛选出三峡库区农业面源污染的关键影响因子；其次，对这些因子的空间分布进行叠加分析，各因子在空间上的重叠部分，即不同类型的农业面源污染区域，其中具有较大分布面积的类型为典型区；最后，结合生态屏障区的边界和小流域边界，确定生态屏障区农业面源污染的典型小流域（图 4-1）。

基于以上思路，根据已有文献，本书从农业面源污染的发生过程出发，将土壤类型、土地利用类型、土壤侵蚀强度作为该发生过程的关键影响因子，利用三峡库区土壤类型数据 [表 4-1，图 4-2（a）]、土地利用数据 [表 4-2、图 4-2（b）]，以及土壤侵蚀强度数据 [表 4-3、图 4-2（c）]，遴选其中具有代表性的变量（空间分布面积较大者）进行 GIS 空间叠加分析。

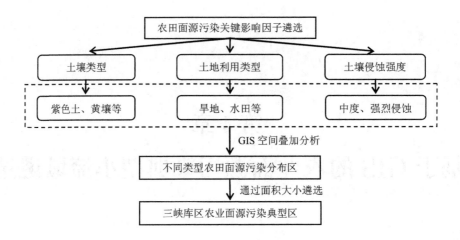

图 4-1 农业面源污染典型区域的确定*

注：本章所有加注*的图表均引自项目研究报告（中国人民大学. 三峡库区生态屏障区面源污染防控关键技术研究与示范[R]. 2016.）和项目组成员温兆飞等所发表的论文（温兆飞，吴胜军，陈吉龙，等. 三峡库区农田面源污染典型区域制图及其研究现状评价[J]. 长江流域资源与环境，2014，23（12）：1684-1692.）。

表 4-1 三峡库区各土壤类型面积统计*

土壤类型	面积/km²	面积占比/%	参与分析
紫色土	20 287	35.03	是
黄壤	15 898	27.45	是
石灰（岩）土	10 679	18.44	是
水稻土	6 071	10.48	是
黄棕壤	3 873	6.69	否
棕壤	688	1.19	否
黄褐土	415	0.72	否

表 4-2 三峡库区各土地利用类型面积统计*

土地利用类型	面积/km²	面积占比/%	参与分析
旱地	17 118	29.56	是
水田	7 337	12.67	是
林地	29 010	50.09	是
草地	2 255	3.89	否
其他	2 191	3.78	否

表 4-3　三峡库区土壤侵蚀强度面积统计[*]

侵蚀强度	面积/km²	面积占比/%	参与分析
微度	10 995	18.99	否
轻度	8 399	14.50	否
中度	19 475	33.63	是
强烈	11 207	19.35	是
极强烈	5 581	9.64	否
剧烈	2 254	3.89	否

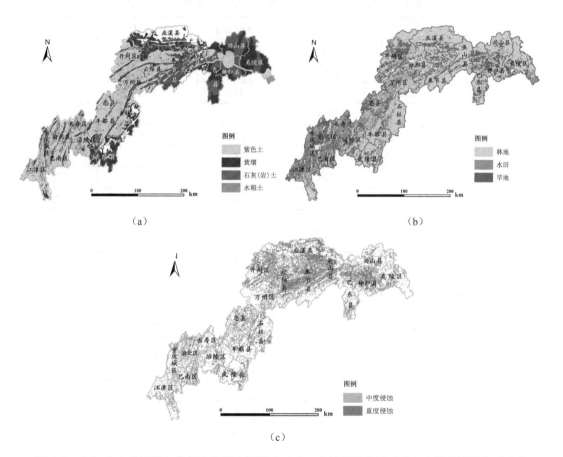

（a）

（b）

（c）

图 4-2　参与 GIS 空间叠加分析的主要土壤类型（a）、土地利用类型（b）、土壤侵蚀强度（c）[*]

注：各图中其他类型，即空白区域，图例均不列入。

4.2　三峡库区农业面源污染典型区

通过对上述 3 种影响农田面源污染过程的关键因子进行 GIS 空间叠加分析，可获得三峡库区 24 种不同类型的农业面源污染区域。将分布面积比例大于 4.17%（即大于平均比例 1/24）的区域类型，确定为三峡库区农业面源污染的典型区域，一共有 8 种（表 4-4）。

表 4-4　三峡库区农业面源污染的典型区域类型及其面积统计*

侵蚀强度	土壤类型	土地利用类型	面积/km²	面积占比/%	是否典型
中度侵蚀	黄壤	旱地	1 387	4.97	是
		林地	3 410	12.21	是
		水田	382	1.37	否
	石灰（岩）土	旱地	914	3.27	否
		林地	2 784	9.97	是
		水田	101	0.36	否
	水稻土	旱地	912	3.27	否
		林地	680	2.44	否
		水田	739	2.65	否
	紫色土	旱地	2 595	9.29	是
		林地	3 357	12.02	是
		水田	1 699	6.09	是
强烈侵蚀	黄壤	旱地	1 272	4.56	是
		林地	785	2.81	否
		水田	236	0.85	否
	石灰（岩）土	旱地	982	3.52	否
		林地	689	2.47	否
		水田	80	0.29	否
	水稻土	旱地	546	1.95	否
		林地	180	0.64	否
		水田	295	1.06	否
	紫色土	旱地	2 051	7.35	是
		林地	975	3.49	否
		水田	870	3.11	否
合计	—	—	—	100	—

注："—"表示无数据。

三峡库区 8 种农业面源污染典型区域的特征如下:

(1) "中度侵蚀—黄壤—旱地" 典型区

该典型区在整个库区都有分布, 但相对集中分布于湖北夷陵区 (原宜昌县)、巴东县, 重庆开州、云阳及巫溪结合部位、石柱县以及武隆县 [图 4-3 (a)]。此外, 在库区川东平行岭谷褶皱山系部位也有较大面积分布。不难发现, 这些分布区的共同特点是分布海拔相对较高, 山地黄壤发育, 是一种重要的农业面源污染分布区。

(2) "中度侵蚀—黄壤—林地" 典型区

该典型区与 "中度侵蚀强度—黄壤—旱地" 典型区分布格局类似 [图 4-3 (b)], 但其分布面积在所有典型区中是最大的 (表 4-4)。由于在高海拔地区, 耕作环境的改变使林地取代耕地, 林地成为一种主要的土地利用类型, 因此该区域农业面源污染风险相对较低。

(3) "中度侵蚀—石灰 (岩) 土—林地" 典型区

该典型区分布具有明显的区域特征, 其中在库首及附近区 (县) 有较大面积集中分布, 如奉节县、巫山县、巴东县及秭归县等 [图 4-3 (c)], 这一区域是石漠化高发地。此外, 在库区褶皱山系也有一定分布, 如重庆市主城区附近的中梁山。

(4) "中度侵蚀—紫色土—旱地" 典型区

该典型区在库首分布相对较少, 较集中分布于库区中部及库尾部。从分布格局分析, 该典型区在库区宽阔水面两岸 (除长江三峡区段) 分布较广 [图 4-3 (d)]。

(5) "中度侵蚀—紫色土—林地" 典型区

总体来讲, 该典型区分布格局同 "中度侵蚀强度—紫色土—旱地" 类型 [图 4-3 (e)], 但面积较大 (表 4-4), 是所有典型区中分布面积第二大的类型, 在库区农业面源污染研究中占据重要地位。

(6) "中度侵蚀—紫色土—水田" 典型区

该典型区分布格局同 "中度侵蚀强度—紫色土—旱地" 类型 [图 4-3 (f)], 是库区水田区域农业面源污染的代表类型。

(7) "强烈侵蚀—黄壤—旱地" 典型区

该典型区分布格局与 "中度侵蚀—黄壤—旱地" 典型区类似, 主要分布于海拔较高的山区 [图 4-3 (g)]。

(8) "强烈侵蚀—紫色土—旱地" 典型区

该典型区分布格局同 "中度侵蚀强度—紫色土—旱地" 类型 [图 4-3 (h)], 是库区水田区域农业面源污染的代表类型。

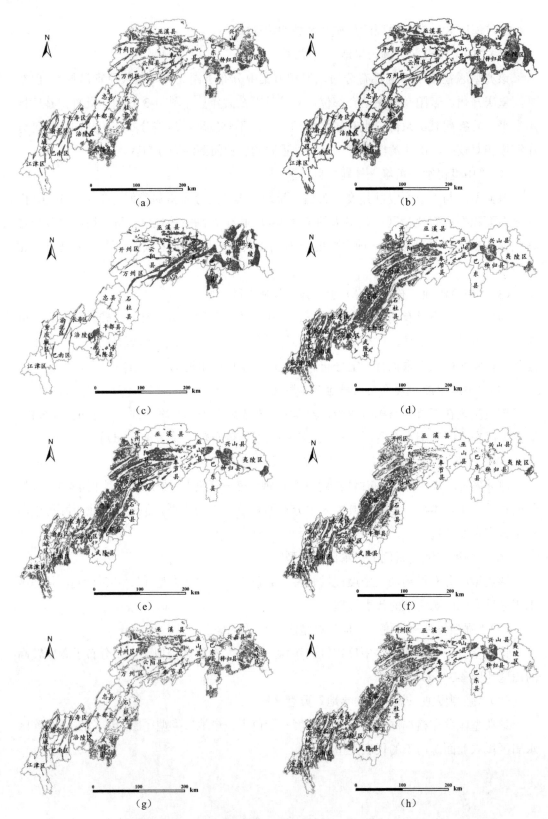

图 4-3   库区不同类型农业面源污染典型区的分布*

通过三峡库区农业面源污染典型区空间分布格局分析，我们不难发现，控制这些类型各自空间分布格局的主要因素是土壤类型，而土壤侵蚀强度及土地利用类型则是在其基础上所作的更精细的划分（温兆飞，2014）。

基于此，我们可将三峡库区农业面源污染典型区进一步划归为三大类："紫色土—旱地—林地—水田"典型区、"黄壤—旱地—林地"典型区及"石灰（岩）土—林地"典型区（图 4-4），且各自分布面积依次递减。需要指出的是，这种典型区的命名模式为"土壤类型—土地利用类型"，仅表示区域内主要为该土壤类型和土地利用类型，其他土壤类型或土地利用类型虽然较少，但并非没有。

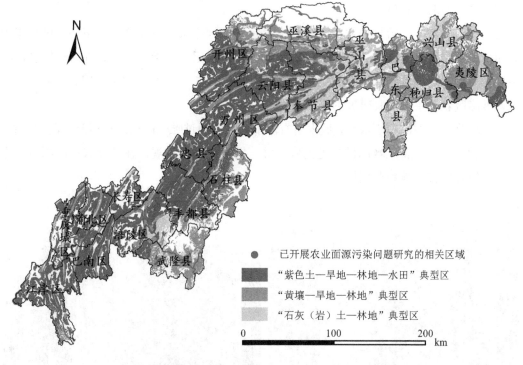

图 4-4　三峡库区农业面源污染典型区大类分布格局*

经过文献比较（赵爱军，2005；孙长安，2008；倪九派，2002；李玉华，2010；袁珍丽，2010；张宏华，2003；余楚等，2012；丁恩俊，2010），我们发现，针对"紫色土—旱地—林地—水田"农业面源污染典型区的研究最多，"黄壤—旱地—林地"典型区的研究较少，"石灰（岩）土—林地"典型区的研究相对缺失。

4.3　生态屏障区典型小流域遴选

利用已获得的三峡库区农业面源污染典型区大类分布格局图，结合生态屏障区边界、地形和交通条件，考虑开展面源污染监测研究的条件和可行性，通过多种对比分析和野外考察，我们最终确定将耕地较多、农业活动强烈、面源浸染典型的箐林溪流域作为本书的典型流域。

箐林溪小流域属长江支流澎溪河（也称小江）流域，是三峡库区生态屏障带的核心区，行政区域属于重庆开州大德镇，面积为 24.29 km²，海拔为 170～1 148 m，高海拔地区地形平缓，低海拔地区地形陡峭。它属于亚热带季风性湿润气候，年均气温为 17.3℃，多年平均降水量为 1 026 mm。年内降水分布极不均匀，超过 80% 的降水集中在 5—9 月，而每年 12 月至次年 4 月的降水量只占全年总降水量的 10% 左右。地貌类型为中深丘陵，土壤主要为石灰性紫色土。

通过前期考察，流域内农村人口较多，每户都饲养家禽或家畜。农田和居民地集中分布于流域中游且交错分布。主要的农作物类型有水稻、玉米、小麦、红薯，经济作物主要为柑橘，均已达到了较高的集约化种植程度（图 4-5），并且水肥利用关系复杂，具备开展库区农业生态实验研究的优越条件。

流域具有典型的向心水系，域内所有汇水都可以通过唯一的出水口得到监测和控制，分水岭明显，且具备三峡库区典型的农—林—塘土地利用景观，在开展农业面源研究方面具有较好的代表性和典型性。

图 4-5　箐林溪小流域景观

4.4　小流域监测设施建设

项目研究团队在箐林溪小流域的中部河道处选择了一个地势较为开阔的区域作为监测设施的建设地点（图 4-6）。考虑下游水库可对径流和营养物质产生一定影响，我们将监测设施建设在水库的入口处，从而可以监测到流域中上游 12 km² 的区域。在建设完成监测设施后，安装径流采样器，根据设定的要求采集水样（图 4-7）。为了长期定点监测流域的水文及面源污染情况，贮存并分析测试野外采样的土壤、水和植被样品，项目协作单位中国科学院重庆绿色智能技术研究院在开州的汉丰湖水位调节坝北岸搭建了野外工作站。

图 4-6　监测设施的建设地点

图 4-7　监测设施的建设过程及仪器安装

4.5 本章小结

本章从农业面源污染发生过程着手，开展了基于 GIS 的三峡库区农业面源污染区划分以及典型小流域遴选。在多次野外考察和对比分析的基础上，耕地较多、农业活动强烈、面源浸染典型的开州箐林溪流域，被确定为本研究的典型流域。

第 5 章
箐林溪小流域农业面源污染动态监测

农业面源污染的产生是一个连续的动态过程，由自然过程引发，并在人类活动影响下得以强化，直接监测的难度比较大。但是，如果对农业面源污染的主要影响因子加以监测，却可以相对容易地间接获得面源污染的状况。借鉴已有的研究成果（黄志霖 等，2012）和研究区特殊的地理环境特征，我们将需要监测分析的影响因子确定为土地利用、地形条件、降水特征、植被等。

本章主要根据研究报告的相关内容整理而得。

5.1 农业面源污染关键环境因子提取、分析与表达

5.1.1 基于影像自身信息的遥感影像校正

三峡库区地形复杂，云雾出现频率高，库区的遥感影像常常受到地形起伏、云、雾对辐射信息的干扰，影像的数据质量难以得到保障。针对这些问题，项目组成员吕明权、温兆飞、吴胜军、陈吉龙等提出了一套简单的技术方法，只利用影像自身信息，即可进行库区影像大气、阴影和地形的校正（2013，2014，2015，2016）。

（1）大气—阴影协同校正

根据库区影像中广泛存在各种阴影（地形阴影、云影等）的实际特征，充分利用阴影区和邻近非阴影区地表反射率相等这一基本物理特性，在辐射传输理论的支持下，构建方程组，求解大气校正和阴影校正中的关键参数，从而实现大气—阴影协同校正的目标。

如图 5-1 所示，在地表具有朗伯体性质、大气水平均一的假设下，经典的大气校

正过程：非阴影区（直射区）表观辐射亮度（L_{slt}）→非阴影区地表反射率（ρ_{slt}），可表示为

$$\rho_{slt} = \frac{\pi(L_{slt} - L_{path})}{T(\theta_v)[E_{toa}\cos(\theta_z)T(\theta_z) + E_{surf}]} \qquad 式（5-1）$$

式中：L_{path} 为大气程辐射亮度，W/（$m^2 \cdot \mu m \cdot sr$）；E_{toa} 为大气层顶太阳辐射通量密度，W/（$m^2 \cdot \mu m$）；E_{sky} 为大气向下散射辐射通量密度，W/（$m^2 \cdot \mu m$）；E_{surf} 为 E_{sky} 到达地表部分通量密度，W/（$m^2 \cdot \mu m$），其中在水平地面、半球视场无遮挡的情况下，有 $E_{surf} = E_{sky}$；$T(\theta_z)$ 和 $T(\theta_v)$ 分别表示太阳入射方向（θ_z）及卫星观测方向（θ_v）的大气透过率。

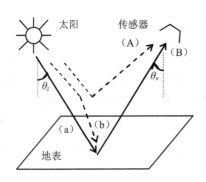

图 5-1　太阳辐射通过"地—气"系统到达传感器的主要传输路径示意

注：为方便研究，这里暂未考虑"地—气"之间连续交互反射辐射、环境反射辐射等相对弱辐射。

同理，由于阴影区缺少直射辐射，根据上式大气校正算法，区内的地物真实反射率 ρ_{sdw} 反演算法如下：

$$\rho_{sdw} = \frac{\pi(L_{sdw} - L_{path})}{T(\theta_v)E_{surf}} \qquad 式（5-2）$$

式中：L_{sdw} 为阴影区内的表观辐射亮度，W/（$m^2 \cdot \mu m \cdot sr$）。

对于影像中满足上述条件的地物，即朗伯体表面（一部分位于阴影区，另一部分位于邻近非阴影区），非阴影区（直射区）部分反射率（ρ_{slt}）与阴影区反射率（ρ_{sdw}）相等，由此可联立、化简得到：

$$E_{surf} = \frac{E_{toa}\cos(\theta_z)T(\theta_z)(L_{sdw} - L_{path})}{L_{slt} - L_{sdw}} \qquad 式（5-3）$$

式（5-4）可定量估算地表入射散射辐射 E_{surf}。式中，仅有的未知参数 $T(\theta_z)$、L_{path}，可直接利用传统基于影像自身信息的大气校正方法（如 COST 法）获取。

通过上述方法（SFB-COST）实现的大气校正与传统的 COST 法做出的大气较正结果，对比如图 5-2 所示；关于云影较正的结果，视觉对比如图 5-3 所示。

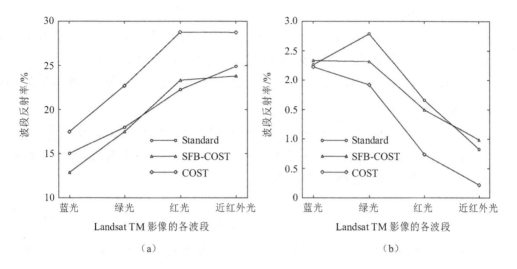

（a）　　　　　　　　　　　　　（b）

图 5-2　大气校正结果对比

注：（a）和（b）分别表示裸地和水体根据不同方法得到的反射率。Standard、SFB-COST、COST 分别表示标准光谱测量方法，本研究提出的 SFB-COST 大气校正方法和常用的 COST 大气校正方法。

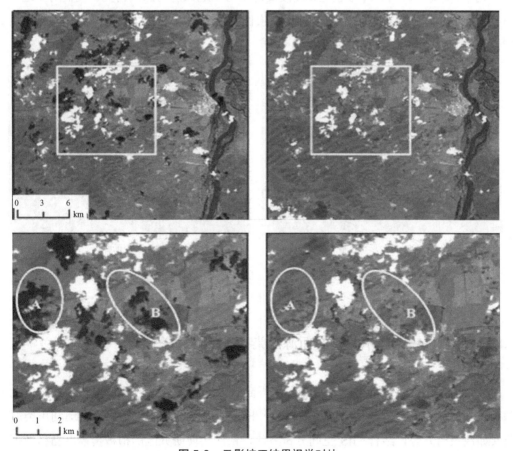

图 5-3　云影校正结果视觉对比

（2）地形校正

在对影像进行大气和阴影辐射校正后，再利用 DEM 进行地形校正，即可获得库区地表的真实辐射信息，从而为后续遥感数据的有效使用提供较好的质量保障。

若 θ_s、θ_n、ϕ_s、ϕ_n 分别表示太阳天顶角、地形坡度、太阳方位角、地形方位角，则地表太阳入射角 β 可表示为

$$\cos\beta(x, y) = \cos\theta_s \cos\theta_s(x, y) + \sin\theta_s \sin\theta_n \cos\{\phi_s - \phi_n(x, y)\} \qquad 式（5-4）$$

式中：(x, y) 为像元位置。若 ρ_t 和 ρ_h 分别表示地形起伏条件下的地表反射率和同一位置水平地表发射率，则在朗伯体假设条件下有

$$\rho_H = \rho_T \frac{\cos\theta_s}{\cos\beta} \qquad 式（5-5）$$

由于朗伯体表面假设在实际使用中难以满足，我们采用了 c 地形校正法，其核心方程为

$$\rho_H = \rho_T \frac{\cos\theta_s + c_k}{\cos\beta + c_k} \qquad 式（5-6）$$

式中：k 为波段号，c_k 可通过 k 波段反射率与本地入射角回归得到。我们对 c 地形校正算法完成了程序实现，虽然还未对其在项目区的应用效果进行定量评价，但从视觉上定性观察发现，其效果明显，如图 5-4 所示。

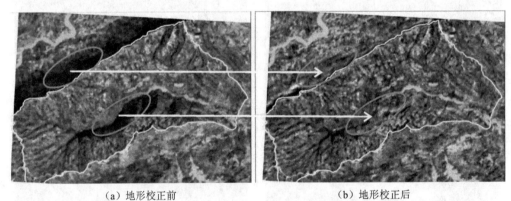

（a）地形校正前   （b）地形校正后

图 5-4   项目区 TM 影像（R：4，G：3，B：2）地形校正前后对比

5.1.2   基于"3S"技术的农业面源污染关键环境因子提取

通过对遥感数据进行上述预处理，可得到三峡库区高质量的影像辐射信息。以此为基础，利用目前已经广泛使用的植被指数、植被覆盖度、叶面积指数、土地利用类型分类（如决策树）等，结合 GIS 空间分析方法，依次实现研究区的植被覆盖度栅格数据、

土地利用类型栅格数据和土壤侵蚀强度栅格数据，为后续面源污染的定量模拟提供基础数据保障。

（1）植被指数（*NDVI*）

植被指数（*NDVI*）也被称为标准化植被指数，它等于近红外波段（0.7～1.1 μm）和可见光红波段（0.4～0.7 μm）的反射率之差与这两个波段反射率之和的比值，即式（5-7）：

$$NDVI = \frac{\rho_{nir} - \rho_r}{\rho_{nir} + \rho_r} \qquad \text{式（5-7）}$$

式中：ρ_{nir} 为近红外波段的反射率；ρ_r 为可见光红波段的反射率。

（2）植被覆盖度

植被覆盖度 *fc* 是指植被（叶、茎、枝）在地面的垂直投影面积占统计区土地总面积的比例。它是衡量地表植被状况的一个重要指标，也是影响土壤侵蚀与水土流失的主要因子（李苗苗，2003）。植被覆盖度通常采用实地调查法获取，但这样只能解决点的数据，适用于田间尺度；遥感影像法可以获得空间展布的覆盖度数据，适用于区域尺度（陈吉龙，2010）。

fc 与 *NDVI* 有较好的相关性。*NDVI* 的值在 –1～1。通常，*NDVI* 小于 0.1 表示几乎没有植被信息，而接近于 1 时，则表示植被生长旺盛。*fc* 可以采用式（5-8）计算：

$$fc = \frac{NDVI - NDVI_{soil}}{NDVI_{veg} - NDVI_{soil}} \qquad \text{式（5-8）}$$

式中：$NDVI_{soil}$ 为无植被像元的 *NDVI* 值，即裸土或无植被覆盖区域的 *NDVI* 值；$NDVI_{veg}$ 为纯植被像元的 *NDVI* 值，即完全被植被所覆盖的像元的 *NDVI* 值。$NDVI_{soil}$ 与 $NDVI_{veg}$ 均可通过影像计算得到（李苗苗，2003）。

理论上，绝大多数类型的裸地表面 $NDVI_{soil}$ 值接近 0，且不随时间改变。但在现实中，当大气对地表湿度条件产生影响时，$NDVI_{soil}$ 值会随时间变化。当地表粗糙度、湿度、土壤颜色、土壤类型等物理条件不同时，$NDVI_{soil}$ 值会随空间变化，变化的范围一般在 –0.1～0.2（Bradley，2002）。因此，采用某个确定的 $NDVI_{soil}$ 值并不可取，它应该是由图像所计算出来的相对值。由于裸地的空间变化与传感器的观测角度有关，观测角度不同时，每个像元所选择的 $NDVI_{soil}$ 值也会不同。在计算植被覆盖度之前，虽然对影像进行了大气纠正，但各景之间仍然存在一些差异，这就造成了植被覆盖度计算的不确定性。$NDVI_{veg}$ 代表着全植被覆盖像元的最大值。由于植被类型的差异、植被覆盖的季节变化、叶冠背景的污染（潮湿地面、雪、枯叶等），该值也会随着时间和空间而改变。因此，采用某个确定的 $NDVI_{veg}$ 值也是不可取的（李苗苗，2003）。

为此，我们利用土地利用类型图，提取并计算纯裸土和纯植被类型的直方图统计，再去除一次标准差以外的随机像元，留下像元的众数代表 $NDVI_{soil}$ 和 $NDVI_{veg}$，然后据此计算整个区域的植被覆盖度。

（3）叶面积指数

对于叶面积指数，我们采用了 SiB（Simple Biosphere Model）2 模型中基于 *FPAR-LAI*（光合辐射吸收分量-叶面积指数）的关系进行估算的方法。该方法认为，在地表均匀分布的植被（苔、草、耕地等），*FPAR-LAI* 呈指数关系；而簇状集中的地表植被（如常绿针叶林、高纬度落叶林、灌木等），*FPAR* 和 *LAI* 则多成线性关系。基于以上两点，针对某一种特定的植被，0.95 的 *FPAR* 值就对应着最大的 *LAI*，而 0.001 的 *FPAR* 则对应着最小的 *LAI*（周月敏，2005）。

将地表植被（覆盖）分为 12 类，各类名称和相关的参数见表 5-1。对阔叶植被采用指数消光算法，包括的植被覆盖类型有 1、2、6、7、8、10、11、12。采用线性模型（簇状冠层）的植被覆盖类型有 4、5、9。采用线性模型和指数模型混合的植被覆盖有 3。

表 5-1　叶面积指数模型参数

类号	覆盖类型	最大 *LAI*	茎叶面积/m^2
1	常绿阔叶林	7.0	0.08
2	落叶阔叶林	7.0	0.08
3	混合林	7.5	0.08
4	针叶落叶林	8.0	0.08
5	高纬度落叶林	8.0	0.08
6、8	树木占 10%～40%的草地	5.0	0.20
7	树木<10%的草地	5.0	0.20
9	灌木和裸土	5.0	0.20
10	苔、藓、地衣	5.0	0.20
11	裸地	5.0	0.20
12	耕地	6.0	0.20

算法描述的伪代码如下：

```
RLINE = 0
    IF( I EQ 4 OR I EQ 5 OR I EQ 9 ) THEN RLINE = 1
    IF( I EQ 3 ) THEN RLINE = 0.5
    BARK(I) = −1/LAIMAX(I)*ALOG(0.05)
LAI1 = −1/BARK(I)*ALOG(1−FPAR)*(1−RLINE)+FPAR* LAIMAX(I)*RLINE
    LAI0 = −1/BARK(I) * ALOG(1−FPARM) * (1−RLINE) + FPARM * LAIMAX(I) * RLINE
    DEAD = AMAX1( 0.0001, ( LAI0−LAI1) ) + STEM(I)
LAI = LAI1 + DEAD
```

其中，各个变量的解释如下。

I：植被覆盖类型；

RLINE：植被叶面积指数合成中线性成分所占的权重，即一种植被覆盖的叶面积指数

由指数算法和线性算法两种算法的结果加权求和得到；

LAIMAX（*I*）：第 *I* 种植被覆盖类型的最大叶面积指数；

STEM（*I*）：第 *I* 种植被覆盖类型的茎叶面积指数；

DEAD：植被死去部分的叶面积指数；

FPARM：有效辐射的最大吸收系数，为常数，取 0.95。

（4）土地覆盖信息提取

1）面向对象的遥感分类

面向对象的遥感分类，是在综合利用遥感数据的光谱信息、纹理特征、拓扑关系和加入专题信息进行多尺度分割后，建立模糊判别函数来进行分类的一种方法。与基于像元的传统影像处理方法相比，面向对象的影像信息提取的最小处理单元不再是单个像元，而是具有更多语义信息的对象，它更多地关注影像对象自身的语义信息、纹理信息和对象间的拓扑关系（黄慧萍，2003）。

面向对象的信息提取方法，是基于人的认知方式，模拟人脑判定、识别的流程方法。它首先进行影像非监督分类，依据光谱的同质性聚类，获取具有几何特征和空间特征的对象组合，并根据对象层的光谱与几何特征的双重特征，进一步分类提取信息，将对象按照不同的分割尺度划分为不同的景观和地类。然后，对多尺度的分割对象数据层，构建同一层次间的拓扑邻接关系，以及不同层次间的继承关系，形成影像对象的层次网络结构，实现对象的几何和空间信息的表达（黄慧萍，2003）。

2）多尺度影像分割

同一地物在不同比例尺下的几何特征是不一样的（陈云浩 等，2006）。同样，将影像按不同尺度分割后，受光谱特征及空间信息差异的影响，会出现不同的像元组合特征。以往的分类只用到了光谱特征，没有用到对象的空间信息。如果先提取影像对象的空间信息，再结合光谱信息分类，我们将会得到更理想的分类效果。在多尺度影像分割过程中，分割前选取的尺度越大，聚类的光谱范围越宽，合并次数越多，则影像对象的尺寸就越大。

多尺度的光谱分割以单个像元为最小合并对象，利用影像的光谱与几何特征，不断合并后生成同质性高（异质性小）的多边形影像对象。而光谱异质性最小化将导致分歧的切割，或形成具有破碎形状边界的影像对象。通常为减少影像信息的损失，会综合利用光谱及空间异质性的标准。对于复杂的影像，采用空间异质性的因素多些；对于类型简单的影像，会更多地考虑光谱的划分。

将多层数据进行不同层次的多尺度分割，每一次分割都以前一次为基础。不同尺度的合并过程伴随着误差的传递，误差通过上层向下层传递，因此，这就要求上一层数据是可信度高的数据。但同一尺度中不同类型的划分是没有误差传递的，这个过程基于模糊判别进行分类，要求尺度的设计数量一定要合适，不同尺度的对象选择不同的地类划分（陈云浩 等，2006）。

成功的影像分割是信息提取的必要前提。对于一种确定的地物类型，其分割的标准为：①影像对象的平均异质性应该被减少到最小。②像素的平均异质性应该最小化，像素所归属的影像对象的异质性应该被分配到每一个像素中。③光谱易混淆的类型设成小尺度分割。光谱狭窄设成大尺度，光谱宽设成小尺度。④重要的地类设成小尺度，不重要的设成大尺度；⑤空间地块大的类型设为大尺度（陈云浩 等，2006）。

根据以上原则，我们将区域分割为 3 个尺度：建设用地、植被、水体。尺度的大小是根据区域内各地类影像光谱直方图方差、地类光谱重叠大小、图斑大小、形状划分的，不同地类有不同的特征（表 5-2）。

表 5-2　土地覆盖光谱与空间特征

土地覆盖类型	光谱平均方差	光谱重叠性	空间地块大小	几何特征
村庄	大	大	较大	规则
水田	小	小	特大	不规则
旱地	小	小	特大	不规则
有林地	小	小	特大	不规则
其他林地	大	大	特大	不规则
灌木林地	小	小	特大	不规则
果园	小	大	特大	不规则
其他园地	小	大	特大	不规则
其他草地	小	大	较大	不规则
水库、坑塘	特小	特小	较大	规则
河流水面	特小	特小	较大	规则
裸地	小	大	小	不规则
采场扩地	小	大	小	规则

3）模糊分类

可以采用最邻近分类原则，运用模糊分类理论对图像进行逻辑判断。利用像元隶属度表示像元的归属问题，隶属度由成员函数来决定，成员函数把任意特征值范围转换为统一的范围[0, 1]。每个类别的成员函数描述是否准确，决定了该类别信息提取的速度和精度。当某像元对某类地物的隶属度等于 0 时，表示该像元不属于该类地物；当某像元对某类地物的隶属度等于 1 时，表示该像元属于该类地物；当某像元对某类地物的隶属度在 0～1 时，表示该像元以该隶属度属于该类（郑文娟，2009）。

最邻近分类是指通过计算图像上地物与样本点之间的距离 d，也就是相似性，从而将地物归并到样本点（样本函数）所代表的地类中，达到分类的目的（图 5-5）。其数学公式为

$$d = \sqrt{\sum_f \left\{ \frac{v_f^{(s)} - v_f^{(0)}}{\sigma_f} \right\}^2}$$　　　　　式（5-9）

式中：d 为样本地物 s 与图像上的目标地物 o 之间的距离，取值范围在 $0\sim1$；$v_f^{(s)}$ 为样本 s 的属性 f 的属性值；$v_f^{(o)}$ 为目标地物 o 的属性 f 的属性值；σ_f 为属性 f 的属性值的标准差。

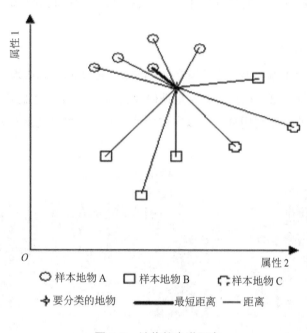

图 5-5　地物的光谱距离

4）人机交互解译

对影像进行解译是一个反复推断的过程。自动分类已经考虑了大多数光谱分类的影响因素，但土地覆盖的空间分布非常复杂。利用面向对象的分类方法，也并不能完全确定地类的边界和属性，最后还需要专业知识和经验进行人工修改。在人工修改时，应根据解译者的遥感和相关地学背景知识，如地物波谱、植被指数、地物分布规律、物候数据分析和推理等，去充分考虑被计算机忽略且难以定量描述的因素。同时，还需要结合野外收集的资料、照片进行分析讨论，形成共识意见，判读和修改分割层中错误的对象，并重新定义类别，最后在计算机上调整图斑选取，变更土地利用类型，直至达到满意的效果。

5.2   典型流域农业面源污染动态监测数据库的建立

为了准确反映研究区的实际情况，使模拟的结果准确可靠，项目组成员对示范小流域的地形、地貌、土壤基础数据、土壤/土地覆被类型、土壤侵蚀等生态环境状况进行了多次实地考察。同时，我们还开展了入户访谈，取得大量农业面源污染的第一手基础资料。

（1）土地覆被类型

箐林溪小流域内土壤类型主要为紫色水稻土。在流域的高海拔地区与流域出口地域，有小部分土壤为山地黄壤。根据野外实地调研（图 5-6）及卫星遥感影像，我们对箐林溪小流域进行了精细的土地利用分类，以支撑后续面源污染模型的运行及定标工作。

图 5-6   土地利用调查与数据记录

（2）土壤基础数据

利用网格法将研究范围划分为若干个采样单元，每个单元按土壤类型和土地利用类型设定 3～5 个采样点。采取 0～20 cm 的表层土，每个采样点选取混合土样的采集方法，按蛇形（或"之"字形）进行，采集 7 个点的土样后，混合成 1 个土样，以提高样品的代表性。一共采集了 81 个土样，其中水田 27 个、旱田 26 个、林灌地 16 个、果园地 6 个、菜地 6 个。

将采回的土样剔除掉植物残根、石块等，放于干净的白纸上，标上记号在通风的室内自然风干。风干后，用研钵将土壤充分碾碎，全部过 2 mm 筛。然后用四分法分取适量土壤进一步碾磨，过 0.25 mm 筛，用标好基本信息的自封袋装好。剩余的土壤也用标好基本信息的自封袋装好。将封装好的 81 份 2 mm 样品和 81 份 0.25 mm 样品，放于阴凉干燥处贮存，进行后续的土样分析测试。

为了提高遥感反演面源污染生态参量（如叶面积指数、植被覆盖度）的精度和算法稳定性，我们针对流域内各种典型地物进行了光谱测定，共 52 个样点。主要测量的地物（冬季）有水田、旱地、菜地、裸地、有林地、草地、池塘水体等。

（3）土壤侵蚀

箐林溪流域的降水量数据由雨量观测站自动记录，泥沙含量的测量与径流观测同步进行。将流速仪测得的流速与出水口断面的面积相乘，获得流域出口处的流量。泥沙数据的采集为降水产流初期 3 h 内，采集间隔为 20 min，每次采集水样 800 ml，测量水样中的含沙量，随后根据径流变化情况确定采样频率，直到流域出水口变清澈为止。每场降水的泥沙输出量由流量和泥沙含量相乘得到。我们发现，并不是每次降水都诱发侵蚀。

（4）入户访谈

箐林溪流域的农田和居民地，集中且交错地分布于地势缓和的流域中游。农村生活污水直接排放进入沟渠和坑塘，水肥利用关系复杂，兼有养殖业，面源污染来源复杂。2013—2016 年，项目组在箐林溪小流域开展了 3 次入户调查。调查的内容主要为农户的家畜养殖情况、农作物种植过程中的化肥和农药施用情况、生活用水和排污调查。得到的部分基础数据为箐林溪小流域包含的 14 个村庄，约 1 万户、4.5 万人，饲养的家畜约 3.5 万头/只（截至 2016 年）。当地主要的种植农作物类型是水稻、玉米、红薯，经济作物有柑橘。水稻的施肥量约为 90 kg/亩，玉米的施肥量约为 78 kg/亩，红薯的施肥量约为 63 kg/亩，柑橘的施肥量约为 62 kg/亩。

我们将农户调查、野外观测和监测分析获得的数据进行整合，建立了该流域的自然、社会经济数据库，拟为面源污染的后续动态模拟和评估提供数据支撑。

5.3　三峡库区典型小流域农业面源污染模拟

农业面源污染的发生过程较为复杂，为了能够有效模拟，本节将小流域农业面源污染的过程分解为 3 个主要部分：水文过程、泥沙流失过程和营养物质的迁移转化过程。其中，水文过程是驱动因素，污染物（泥沙、氮、泥沙吸附态磷）正是随着水文径流迁移进入了河流。农业面源污染动态模拟也就是对水文、泥沙和营养元素迁移过程的模拟（杨杉 等，2016a，2016b）。

需要说明的是，在模拟营养元素中流失的磷时，本书只考虑吸附在泥沙表面的吸附态磷，因此，对于磷的动态模拟和监测技术也就转化成了对泥沙流失的模拟。

5.3.1 水文模拟

利用 SWAT 模型中的水文模块（Neitsch et al.，2009）对研究区进行水文模拟。以下公式均在一个栅格内部进行计算模拟，因此不再对其作用范围做详细说明。

$$SW_t = SW_{t-1} + P_t - Q_t - ET_t - INF_t \qquad 式（5-10）$$

式中：SW_t 为第 t 天的土壤水分含量；SW_{t-1} 为第 $t-1$ 天的土壤水分含量；P_t 为第 t 天的降水量；Q_t 为第 t 天的径流量；ET_t 为第 t 天的蒸散量；INF_t 为第 t 天的入渗量。

另外，土壤水分亏缺（SMD_t）定义为现在实际含水量到田间持水量（θ_{FC}）所缺的这部分含水量。

$$SMD_t = \theta_{FC} - SW_t \qquad 式（5-11）$$

（1）径流模拟

Q_t 的模拟利用 SCS-CN 方法，表达式如下：

$$Q_t = \frac{(P_t - I_{at})^2}{(P_t - I_{at}) + S_t} \qquad 式（5-12）$$

式中：P_t 为降水量，mm；S_t 为最大蓄水能力、潜在最大保持量，mm；I_{at} 为初损量，mm。径流开始之前的损失量，包括蒸发、植物截留、填洼、下渗等。

当 $P_t < I_{at}$ 时，$Q_t = 0$；

$$I_{at} = 0.05 S_t$$

S_t 由 CN_i 值确定：

$$S_t = \frac{25\,400}{CN_i} - 254 \qquad 式（5-13）$$

式中：CN_i 根据流域水文土壤类型（Hydrologic Soil Group，HSG）、土地利用/覆盖措施、水文条件和前期土壤湿度（Antecedent Moisture Condition，AMC）综合确定，变化在 0～100。

CN_1 为干旱条件下的 CN 值；CN_2 为中等土壤湿度条件下的 CN 值；CN_3 为湿润条件下的 CN 值。CN_2 可以通过查表方法获得，CN_1 和 CN_3 可以通过以下公式转化：

$$CN_1 = \frac{4.2CN_2}{10 - 0.058\,CN_2} \qquad 式（5-14）$$

$$CN_3 = \frac{23CN_2}{10 - 0.13\,CN_2} \qquad 式（5-15）$$

SWAT 模型根据土壤含水量的连续变化自动调整 CN，实现了长时期连续计算地表径流量。当 CN 值为 CN_1 时，土壤具有最大可能的水分滞留能力 S_{max}，mm。模型采用前一天结束时的土壤剖面含水量（SW，mm）对当天的 S 值进行了调节。其中，S 与 SW 之间的关系（$S\text{-}SW$ 调节曲线）表达为

$$S = S_{max} \cdot \left(1 - \frac{SW}{SW + \exp(\omega_1 - \omega_2 \cdot SW)}\right) \qquad 式（5\text{-}16）$$

式中：S 为土壤水分保持量；S_{max} 为用 CN_1 计算得出的土壤水分保持量；SW 为土壤在凋萎点以上的土壤含水量；ω_1、ω_2 分别为是形状系数，计算方法如下：

$$\omega_1 = \ln\left(\frac{\theta_{FC}}{1 - S_3 \cdot S_1^{-1}} - \theta_{FC}\right) + \omega_2 \cdot \theta_{FC} \qquad 式（5\text{-}17）$$

$$\omega_2 = \frac{\ln\left(\frac{\theta_{FC}}{1 - S_3 \cdot S_1^{-1}} - \theta_{FC}\right) - \ln\left(\frac{\theta_{SAT}}{1 - 2.54 \cdot S_1^{-1}} - \theta_{SAT}\right)}{\theta_{SAT} - \theta_{FC}}) \qquad 式（5\text{-}18）$$

有以下假设：

$$当\ SW = \theta_{WP} \cdot Z_e，\quad S=S_{\mathrm{I}}$$
$$当\ SW = \theta_{FC} \cdot Z_e，\quad S=S_{\mathrm{III}}$$
$$当\ SW = \theta_{SAT} \cdot Z_e，\quad S=2.54$$

式中：θ_{WP}、θ_{FC} 和 θ_{SAT} 分别为土壤的凋萎点含水量、田间持水量和饱和点的含水量；Z_e 为土层深度。

$$Q_{total} = \sum Q_t \cdot A \qquad 式（5\text{-}19）$$

式中：Q_{total} 为降水产生的总流量；A 为栅格单元的面积。

（2）蒸散模拟

蒸散分两种情况，一种是有植被覆盖时的蒸散量的计算，另一种是无植物覆盖裸土上的蒸发量（ET）计算。

$$ET = (1 - f_c) \cdot AEV + f_c \cdot ATR \qquad 式（5\text{-}20）$$

式中：f_c 为植被覆盖度；ATR 为有植被覆盖的蒸散量；AEV 为没有植被覆盖的蒸散量。

无植物覆盖的蒸发量的计算公式如下：

$$AEV = k_e \cdot k_s \cdot ET_0 \qquad 式（5\text{-}21）$$

式中：k_e 为裸土系数，取 1.05 或 1.10；ET_0 为参考作物蒸散量，可由气象数据计算得到；k_s 为土壤水分压力系数与土壤的水分状况（由土壤水分亏缺 SMD 表示）直接相关，该系数的获得可由 Rushton 引入的 3 阶段模型表示，第一阶段：当土壤中水分供给量充

足，表现为 SMD 等于 0 或者小于 REW（易蒸发水量，readily evaporable water）时，土壤水分不会对蒸发造成限制，此时 k_s 等于 1，随着土壤水分的减少当 SMD 介于 REW 和 TEW 之间时，因此蒸发量也会随着减少，土壤水分继续减少当 SMD 大于 TEW 时表示土壤中已没有水分供给蒸发。

$$k_s = \frac{TEW - SMD}{TEW - REW}$$ 式（5-22）

式中：$TEW = (\theta_{FC} - 0.5 \cdot \theta_{WP}) \cdot Z_e \cdot 1\,000$，其中 θ_{WP}、θ_{FC} 和 Z_e 分别指土壤的凋萎点含水量、田间持水量和土层厚度；SMD 指土壤水分亏缺系数；TEW 指蒸发水总量；REW 指易蒸发水总量。

植被蒸腾量计算也和土壤的蒸发原理一样，随着植物中的含水量的变化，实际的蒸腾量也会变化，其表达式如下：

$$ATR = k_c \cdot k_s \cdot ET_0$$ 式（5-23）

$$k_s = \frac{PAW_{max} - SMD}{PAW_{max} - PAW}$$ 式（5-24）

式中：ET_0 指参考作物蒸散量；k_c 为作物系数，不同的作物在不同的生长阶段均不一样，可通过 Allen 等（1998）研究获得；k_s 为土壤的水分压力系数，和土壤的蒸发原理一样，随着植物中的含水量的变化，实际的蒸藤量也会变化；PAW_{max} 为最大的植物可用水量；PAW 指实际的植物水量，SMD 指土壤水分亏缺系数：

$$PAW_{max} = (\theta_{FC} - \theta_{WP}) \cdot Z_r \cdot 1\,000$$ 式（5-25）

$$PAW = p \cdot PAW_{max}$$ 式（5-26）

式中：p 为 PAW_{max} 的平均消耗比例，不同的植物系数不一样；θ_{WP}、θ_{FC} 和 Z_r 分别指土壤的凋萎点含水量、田间持水量和植被高度。

实际蒸散的模拟以参考蒸散的计算为基础，本模型用 FAO 定义的参考蒸散量作为计算依据，其公式为

$$ET_0 = \frac{0.408\Delta(R_n - G) + \gamma \dfrac{900}{T + 273} U_2(e_a - e_d)}{\Delta + \gamma(1 + 0.34U_2)}$$ 式（5-27）

式中：ET_0 为参考作物蒸散量，mm/d；Δ 为饱和水汽压—温度曲线斜率，kPa/℃；R_n 为作物表面的净辐射，M/（Jm·d）；G 为土壤热通量，M/（Jm·d）；T 为空气平均温度，℃；γ 为干湿表常数，kPa/℃；e_a 为饱和水汽压，kPa；e_d 为实际水汽压，kPa；U_2 为 2 m 处的风速，m/s。

（3）流速模拟

流域的洪峰流量由式（5-29）计算：

$$q_p = \frac{AQ}{480T_p} \qquad \text{式（5-28）}$$

式中：A 为流域的面积，hm^2；Q 为径流量，mm；T_p 为径流在流域中的滞留时间，h，其计算公式如下：

$$T_p = 0.05\Delta D + T_c / 1.67 \qquad \text{式（5-29）}$$

$$\Delta D = 0.133 T_c \qquad \text{式（5-30）}$$

$$T_c = \frac{l^{0.8}[(1\,000 / CN_w) - 9]^{0.7}}{440.764 Y^{0.5}} \qquad \text{式（5-31）}$$

式中：T_c 为汇流时间，h，有效降水从流域中水力学上最远的点输送到流域出口的时间；ΔD 为有效降水的持续时间，h；l 为流域中最长的汇流长度，m，通过 DEM 提取；CN_w 为综合的 CN 系数根据各流域土地面积比例与相应 CN 系数的乘积；Y 为流域中的平均坡长，m，在 DEM 上提取。

5.3.2　泥沙模拟

流域泥沙输出量的模拟可以利用 MUSLE 模型（Neitsch et al.，2009；吕明权 等，2015）。MUSLE 是在 USLE 模型的基础上发展起来的，可以用来确定流域的产沙量，表达式如下：

$$m_s = 11.8 \times (Q \times q_P)^{0.56} \times K \times LS \times C \times P \qquad \text{式（5-32）}$$

式中：m_s 为单次降水产沙量，t；Q 为径流量，mm/h；q_P 为峰值流量，m^3/s；K 为土壤可蚀性因子；LS 为地形因子；C 为被覆盖与管理因子；P 为水土保持措施因子。

（1）影响泥沙流失的因子计算

1）植被覆盖与管理因子

植被覆盖与管理因子（C）指在一定条件下有植被覆盖或实施田间管理的区域土壤流失总量与同等条件下实施清耕的连续休闲地土壤流失总量的比值，为量纲一，介于 0～1（吕明权 等，2015）。计算 C 时主要从植被覆盖度与土壤侵蚀量间的定量关系入手，本书参考被广泛采用的方法（蔡崇法 等，2000），其表达式如下：

$$\begin{cases} C = 0 & F \geqslant 78.3\% \\ C = 0.650\,8 - 0.343 \lg F & 0 < F < 78.3\% \\ C = 1 & F = 0 \end{cases} \qquad \text{式（5-33）}$$

2）地形因子

地形因子（LS）包括坡长因子（L）和坡度因子（S），反映了地形对土壤侵蚀的影响程度。利用 McCool（1997）提出的方法计算，具体表达式如下：

$$LS = L \times S \qquad \text{式（5-34）}$$

$$\begin{cases} L = (\dfrac{\lambda}{22.13})^m \\[2mm] m = \dfrac{\beta}{1+\beta} \\[2mm] \beta = \dfrac{\sin\theta}{3(\sin\theta)^{0.8} + 0.56} \end{cases} \qquad \text{式（5-35）}$$

$$\begin{cases} S = 10.8\sin\theta + 0.03 & \theta < 9\% \\ S = 16.8\sin\theta + 0.5 & \theta \geqslant 9\% \end{cases} \qquad \text{式（5-36）}$$

式中：θ 为坡度；λ 为坡长；m 为坡长指数。

3）土壤可侵蚀因子

土壤可侵蚀因子（K）反映不同土壤抵抗侵蚀能力大小，其测定是通过标准小区上单位降水侵蚀力所引起的土壤流失量确定（吕明权 等，2015）。但土壤可蚀性又与土壤的理化性质关系很大，在拥有土壤理化性质参数的情况下，直接利用 EPIC 模型计算，其具体形式如下：

$$K = \{0.2 + 0.3\exp[-0.025\,6 \cdot Sd \cdot (1 - Si/100)]\} \times [Si/(Cl+Si)]^{0.3} \times \left[1 - \dfrac{0.25 \cdot C}{C + \exp(3.72 - 2.95\,C)}\right]$$

$$\times \left[1 - 0.7 \times \left(1 - \dfrac{Sd}{100}\right)\right] / \left\{1 - \dfrac{Sd}{100} + \exp[-5.51 + 22.9 \times (1 - Sd/100)]\right\}$$

$$\text{式（5-37）}$$

式中：Sd 为砂粒含量，%；Si 为粉粒含量，%；Cl 为黏粒含量，%；C 为有机碳含量，%。

4）水土保持措施因子

水土保持措施因子（P）反映的是水土保持措施对坡面土壤流失量的控制作用，其值在 0～1。0 表示根本不发生侵蚀的地区，1 表示未采取任何水土保持措施的地区。该因子主要通过人工调查不同土地利用类型，根据专家经验确定。

（2）泥沙流失模拟结果

由于并不是每次降水都会诱发侵蚀，因此，通过径流因子来代替降水侵蚀力直接模拟泥沙输出会更加准确。

不同的土地利用类型，产沙量差异较大（表 5-3）。小流域的侵蚀泥沙主要源于旱地和水田，这两种土地利用类型占流域面积的 44.63%，但贡献了整个流域的 80.92% 的泥沙，有林地占了流域面积的 47.61%，且主要分布在坡度较大的区域，产沙量为 691.73 t，只占泥沙流失量的 17.63%。将产沙量除以面积得到不同用地的产沙模数，最大的是旱地，达 5.29 t/hm^2。各土地类型的产沙模数大小顺序为旱地＞水田＞园林地＞有林地＞交通用地＞居民用地＞池塘。地形是影响侵蚀的一个重要因素，统计不同坡度对整个流域泥沙输出的贡献，这里没有按照传统坡度分级标准进行坡度分类，按同一坡度级别面积均衡的原则进行分级，整个流域分为 0～9°、9°～15°、15°～23°、23°～32°、＞32°共 5 个级别（表 5-4），0～9°占流域的面积比例为 19.34%，贡献的产沙量是 3.26%，大于 23°的区域占流域面积的比例是 39.45%，产沙量达 2 490.16 t，占 63.48%。

表 5-3　不同土地利用泥沙来源分析

土地利用类型	面积/hm^2	面积比例/%	产沙量/t	产沙量比例/%	产沙模数/（t/hm^2）
旱地	447.41	21.55	2 366.43	60.32	5.29
交通	16.28	0.78	9.88	0.25	0.61
居民	75.21	3.62	9.90	0.25	0.13
池塘	38.58	1.86	0.00	0.00	0.00
水田	479.12	23.08	808.14	20.60	1.69
有林地	988.41	47.61	691.73	17.63	0.70
园林地	31.08	1.50	36.67	0.93	1.18

表 5-4　不同坡度下侵蚀泥沙来源分析

坡度	面积比例/%	产沙量/t	产沙量比例/%
0～9°	19.34	127.94	3.26
9°～15°	20.79	468.34	11.94
15°～23°	20.42	836.66	21.33
23°～32°	19.71	1 216.36	31.01
＞32°	19.74	1 273.80	32.47

该模型方便简单地解决了次降水的输沙量的计算问题，模拟结果的精确度在可接受范围内。

5.3.3　氮营养元素转化模拟

氮元素会在土壤中经过一系列的转化，可溶态的氮会在降水径流的作用下被带入水体，本书只考虑硝态氮和氨态氮的平衡转化过程，其转化过程主要利用 SWAT 模型中的氮转化模块实现（Neitsch et al.，2009）。

（1）硝态氮平衡模拟

根据硝态氮的输入和输出平衡原理来模拟，输入硝态氮包括人工氮肥施用量、硝化转化氮含量和非生物固定率；而输出的硝态氮包括径流流失硝态氮、反硝化转化氮含量和植物对氮的吸收，通过平衡方程来计算封土壤中的硝态氮量。

1）硝化转化模拟

根据氮硝化转化的原理来模拟，根据硝化速率、土壤水分亏缺、前一天氨氮含量和土壤保水情况模拟硝化转化，利用式（5-38）模拟：

$$NO_{nit} = \frac{C_{int} \times S_{smd} \times NH_{soil}}{V_{ret} + V_{drain}}$$ 式（5-38）

式中：C_{int} 为硝化速率；NO_{nit} 为从硝化作用转化的硝态氮含量；NH_{soil} 为土壤中氨态氮含量；S_{smd} 为土壤水分亏缺；V_{ret} 为土壤的保水量；V_{drain} 为土壤的排水量。

2）氮径流损失模拟

根据径流中的氮的含量来模拟，通过式（5-39）计算：

$$NO_{sur} = \frac{RS \times NO_{soil}}{V_{ret} + V_{drain}}$$ 式（5-39）

式中：NO_{sur} 为地表径流带走的硝态氮；RS 为地表径流。

3）植物氮吸收模拟

利用植物对氮的吸收系数、土壤水分亏缺系数、植物影响系数、土壤保水量、土壤排水量，通过式（5-40）模拟：

$$NO_{upt} = \frac{C_{upt,no} \times S_{smd} \times S_{plant} \times NO_{soil}}{V_{ret} + V_{drain}}$$ 式（5-40）

式中：NO_{upt} 为植物吸收的硝态氮含量；$C_{upt,no}$ 为植物对硝态氮吸收率；S_{plant} 为植物生长的影响因素。

4）反硝化转化模拟

利用反硝化速率、水分亏缺系数、前一天土壤中硝氮、前一天土壤保水和排水情况模拟反硝化转化，通过式（5-41）模拟：

$$NO_{den} = \frac{C_{den} \times S_{smd} \times NO_{soil}}{V_{ret} + V_{drain}}$$ 式（5-41）

式中：NO_{den} 为从反硝化作用转化的硝态氮含量；C_{den} 为反硝化速率。

（2）氨氮平衡模拟

根据氨氮的输入和输出平衡原理来模拟，输入氨氮包括人工氨肥施用量、硝化转化氨氮含量和非生物固定率；而输出的硝氮包括径流流失硝态氨氮、反硝化转化氨氮含量和植物对氨氮的吸收，通过平衡方程来计算封土壤中的氨氮量。

1）氨氮径流损失模拟

根据径流中氨氮的含量来模拟，通过式（5-42）计算：

$$NH_{sur} = \frac{RS \times NH_{soil}}{V_{ret} + V_{drain}}$$ 式（5-42）

式中：NH_{sur} 为地表径流带走的氨态氮；RS 为地表径流；NH_{soil} 为土壤中氨态氮含量。

2）植物氨氮吸收模拟

利用植物对氨氮的吸收系数、土壤水分亏缺系数、植物影响系数、土壤保水量、土壤排水量，通过式（5-43）模拟：

$$NH_{upt} = \frac{C_{upt,nh} \times S_{smd} \times S_{plant} \times NH_{soil}}{V_{ret} + V_{drain}}　　　式（5-43）$$

式中：NH_{upt} 为植物吸收的氨态氮含量；$C_{upt,nh}$ 为植物对氨态氮吸收率；S_{plant} 为植物生长的影响因素；V_{ret} 为土壤的保水量；V_{drain} 为土壤的排水量。

3）氨固化作用模拟

根据氨氮固化率、水分亏缺系数、土壤中氨氮、前一天土壤保水和排水情况模拟氨固化，通过式（5-44）模拟：

$$NH_{imb} = \frac{C_{imb} \times S_{smd} \times NH_{soil}}{V_{ret} + V_{drain}}　　　式（5-44）$$

式中：C_{imb} 为氨氮固化率。

4）氨挥发损失模拟

根据氨氮挥发系数、水分亏缺系数、土壤中氨氮、前一天土壤保水和排水情况模拟氨固化，通过式（5-45）模拟：

$$NH_{vol} = \frac{C_{vol} \times S_{smd} \times NH_{soil}}{V_{ret} + V_{drain}}　　　式（5-45）$$

式中：C_{vol} 为挥发系数。

5.4　农业面源污染动态模拟、监测技术的可视化

目前，三峡库区尚无成熟的农业面源污染监测网络。针对库区小流域农业面源污染的监测技术，主要是采用基于各种模型的计算机模拟。单纯的模型监测技术主要存在两个问题：一是模型无法有效处理农业面源污染涉及的大量空间数据，对模拟结果也无法做到可视化；二是模型难以模拟无资料地区或者是资料分散地区的农业面源污染，从而可能出现农业面源的空白区。

地理信息系统技术（GIS）、遥感技术（RS）及全球卫星定位系统（GPS）为以上问题的解决提供了可能。针对库区小流域农业面源污染的快速动态模拟监测和场景管理的需求，项目协作单位中科院重庆绿色智能技术研究院基于"3S"技术研发了一套三峡库区小流域农业面源污染监测模拟系统。该系统在整合 Arc GIS Engine 已有的功能、函数的基础上，利用强大、灵活的 visual studio VB.NET 程序设计语言，采用 GIS 组件 Arc Engine

和遥感开发工具集成，在大量野外工作的基础上，利用观测数据对模型进行了检验和标定。系统基本实现了遥感影像处理模块、信息提取模块、空间分析模块（坡度坡长提出、栅格计算）、水文分析功能模块（水流方向计算、汇流计算）、土壤侵蚀产沙模块（土壤可蚀因子、坡长坡度因子、植被覆盖因子、土壤侵蚀计算）、面源污染迁移模块（氮迁移负荷模型）的集成与可视化，其架构如图 5-7 所示。

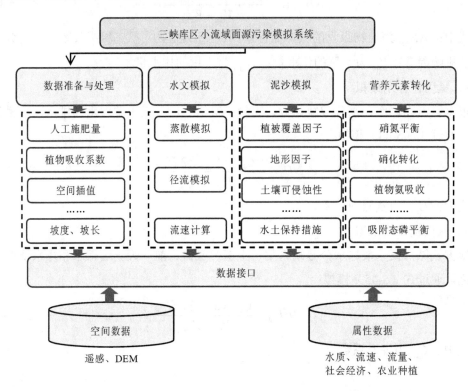

图 5-7   三峡库区小流域面源污染模拟系统功能结构

模拟系统的数据处理结果主要包括地形数据、坡度、坡向、坡长、气候数据、遥感数据、水文数据、面源污染的空间栅格数据等。

模拟系统的主要功能包括数据制备、数据处理、水文模拟、泥沙模拟、营养元素转化模拟等。

数据制备包括数据人工施氮量、施氨量、人畜氮排放的栅格化，氮硝化速率、反硝化速率、氨氮矿化率、氨氮固化率、氨挥发系数、非生物固定率、植物影响系数、氮氨吸收系数、硝氨吸收系数的栅格化处理。

数据处理包括数据的裁剪、空间数据的插值、反射率定标、植被覆盖度反演、坡度和坡长的计算功能。

水文模拟通过蒸散的模拟，以及测到的降水等相关参数，实现径流计算。

泥沙模拟是从水文因子、地形因子、植被覆盖因子、土壤可侵蚀性因子、水土保持措施因子等多个方面，实现对该地区泥沙侵蚀状况的分析和评估。

营养元素转化模拟，包括硝态氮、铵态氮之间的平衡、损失、转化及吸附态磷的平衡模拟状况。

系统的部分开发界面如图 5-8、图 5-9 所示。模拟结果如图 5-10～图 5-12 所示。

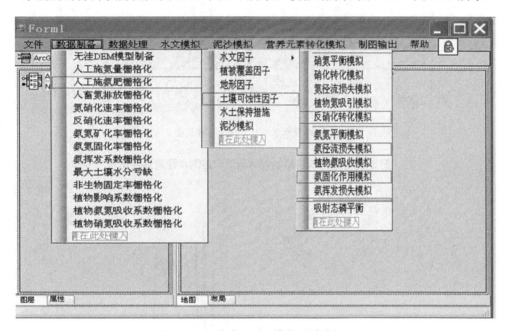

图 5-8　小流域面源污染监测系统界面

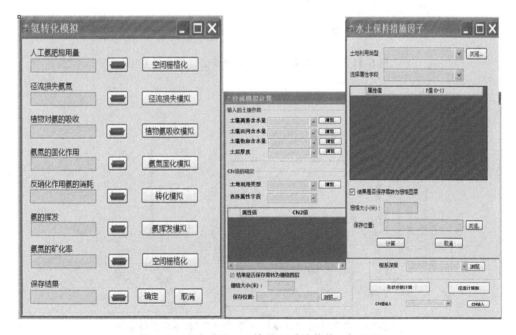

图 5-9　小流域面源污染监测系统菜单运行界面

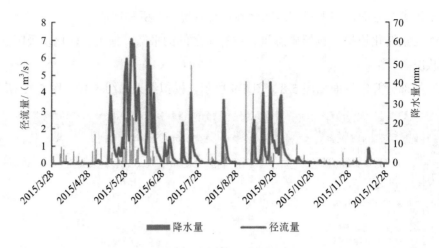

图 5-10　本系统模拟的箐林溪流域监测点径流量变化

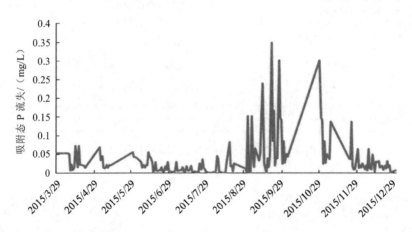

图 5-11　本系统模拟的箐林溪流域出口 P 含量变化

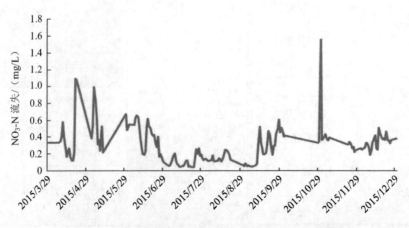

图 5-12　本系统模拟的箐林溪流域出口 NO₃-N 含量变化

目前，该系统已在开州区农业生态环境保护站、开州区星火生产力促进中心、开州区汉丰湖综合开发有限公司得到成功应用。3 个单位的相关管理人员自 2015 年 10 月以来，采用该系统成功模拟了箐林溪小流域的泥沙、氮、磷等营养物质的流失情况，对当地面源污染有了较全面直观的掌握。他们认为该系统操作简单便捷，界面友好，自动化程度高，实现了面源污染的风险可视化分析功能，对农业生产中化肥的合理施用量进行有效指导，可提高农业种植效率，从而有效缓解三峡水库入库污染。该系统社会效益良好，在库区具有一定的应用推广潜力。

5.5　本章小结

本章针对三峡库区易受到地形起伏及云、雾对辐射信息的干扰等问题，提出了一套利用影像自身信息进行库区影像大气、阴影和地形校正的技术方法，得到了研究区高质量的影像辐射信息。结合 GIS 空间分析方法，实现了农业面源污染关键环境因子如植被覆盖度、土地利用类型、土壤侵蚀强度等基础信息的提取。结合实地考察地形、地貌、土壤类型、社会经济和农户调查工作所收集的资料数据，建立了流域自然、社会经济数据库。利用此数据库，通过构建数值模型，模拟了农业面源污染的水文过程、泥沙流失过程和营养物质的迁移转化过程。整合 Arc GIS Engine 已有的功能、函数，系统采用 GIS 组件和遥感工具，集成开发了农业面源污染模拟监测的可视化管理平台，基本实现了遥感影像处理和信息提取、空间分析、水文分析、土壤侵蚀和面源污染的迁移模拟，并利用研究区内建设的监测点和水文观测站的观测数据，对模型和系统进行了检验和标定。该可视化管理系统已在开州多个部门得到了成功应用，取得了良好的社会效益，具有一定的应用推广潜力。

第 6 章
农业面源污染对地表水体及水源水质的影响
——以箐林溪为例

以往的面源污染调查，主要针对的是 TN、TP、COD、重金属等常规污染物指标（蔡金洲 等，2012；肖新成 等，2014）。这些指标的测定为污染物总量控制和管理提供了重要依据，但它们对污染物毒性效应及生物安全评价的贡献有限。有研究表明，美国西部弗吉尼亚州河流沿岸 80%的生态系统被破坏与畜禽放牧有关，其中大肠杆菌是造成其水体污染的主要细菌类群（Amy M B et al.，2003）。此外，Ritter 等（2001）在美国切萨皮克海湾流域分别检出增长性荷尔蒙丸激素和雌性激素，这与当地畜禽粪肥还田工作密切相关。水体在遭遇面源污染后，微生物引起的流行病学风险，与微（痕）量有机物引起的遗传和生态毒理学风险，同样会对生态系统健康产生严重威胁；对于人体健康，其威胁更甚于常规污染物。基于以上考虑，本章以箐林溪为例，在考察农业面源污染对地表水体及水源水质的影响时，增加了一系列与上述风险相关的特殊指标的测定，与 TN、TP、COD 等指标的结果相结合，拟为面源污染生态风险的控制提供相关支撑。

本章主要根据中国人民大学 2016 年的研究报告《三峡库区生态屏障区面源污染防控关键技术研究与示范》的相关内容整理而得。相关素材由项目组成员，现厦门大学的于鑫、叶成松老师提供。

6.1 材料与方法

本书在箐林溪流域设置了 12 个水样采集点（如图 6-1 所示，A：源头；B：小水渠；C：三桥；D：水库上游；E：天宫村排污口；F：大坝下游；G：二桥；H：废弃养殖场；I：

一桥；J：入湖口；K：支流；L：大慈镇）。采样点沿流域源头至汉丰湖入湖口，经过龙
王村、刘家坪村、天宫村、仁和村、宝珠村、大丘村和渡佳村 7 个村庄的大德乡区域，
覆盖了整个箐林溪流域。

图 6-1　箐林溪流域采样点及分布

6.1.1　物化指标

由于农业面源污染的季节性和随机性，本书分析数据的采集选取 1 年为一个周期。水
样采集前均先用待采集水样润洗采集器皿 2 次。用烧杯接取一定量水样立刻测定实时物
理指标（pH、浊度、温度、溶解氧）；用次氯酸钠预灭菌的采样桶采集各采样点水样 10 L，
用于后续其他物化指标和微生物指标的测定。

样品的预处理：采用孔径为 0.45 μm 的混合纤维素酯膜过滤水样 500 mL，4℃保存，

用于物化指标的测定。采用孔径为 0.45 μm 的混合纤维素酯膜过滤水样 500 mL，加酸，4℃保存，用于金属指标的测定。

本研究于 2014 年 11 月，2015 年 2 月、5 月、8 月（4 个季度），对菁林溪流域的 12 个采样点进行水样采集（图 6-1）。研究中检测的实时物化指标包括 pH（WTW，德国）、浊度（HACH，美国）、温度（WTW，德国）、溶解氧（WTW，德国），均使用相应的便携式测定仪进行现场测定。其他相关物化指标测定方法参照《水与废水监测分析方法（第四版）》。

（1）总有机碳（Total Organic Carbon，TOC）

采用氧化还原法对水样中 TOC 指标进行测定。

流动相的配制：Ⅰ液：准确称取 60 g 过硫酸钠于洁净烧杯中，加入 15 mL 磷酸，以少量水溶解并定容到 500 mL；Ⅱ液：将 100 mL 80%磷酸定容到 500 mL。

TOC 测定：向 25 mL 比色管中加入约 20 mL 预处理水样，封口防止二氧化碳溶解影响实验结果，采用总有机碳分析仪（SHIMADZU，Japan）进行测定，采用超纯水作为空白对照，下同。

（2）硝酸盐氮（NO_3^--N）

采用紫外分光光度法对水样中硝酸盐氮指标进行测定。

向 50 mL 比色管中加入 10 mL 水样，用纯水稀释至刻度线。先后加入 1 mL 1 mol/L HCl 和 0.1 mL 氨基磺酸溶液，充分混匀，于 220 nm 和 275 nm 波长处测定样品的吸光度值。根据预先制备的的吸光度值—浓度标准曲线计算得出水样中硝酸盐氮（NO_3^--N）的含量（mg N/L）。

（3）氨氮（NH_4^+-N）

采用纳氏试剂分光光度法对水样中氨氮指标进行测定。

向 50 mL 比色管中加入 50 mL 样品。依次加入 1.5 mL 预先配置好的纳氏试剂（配制 100 mL 纳氏试剂所需 $HgCl_2$ 与 KI 的用量之比约为 2.3∶5）、1 mL 50%酒石酸钾钠溶液，充分摇匀，静置 15 min 后于 420 nm 波长处测定样品的吸光度值。根据预先制备的吸光值—浓度标准曲线计算得出水样中氨氮（NH_4^+-N）的含量（mg N/L）。

（4）亚硝酸盐氮（NO_2^--N）

采用 N-（1-萘基）-乙二胺光度法对水样中亚硝酸盐 N 指标进行测定。

向 50 mL 比色管中加入 25 mL 水样，用纯水稀释至刻度线。加入 1 mL 显色液并充分混匀，静置 20 min 后于 540 nm 处测定样品的吸光度值。根据预先做好的吸光值—浓度标准曲线计算得出样品中亚硝酸盐氮（NO_2^--N）的含量（mg N/L）。

（5）总氮（Total Nitrogen，TN）

采用燃烧法对水样总氮进行测定。

向 25 mL 比色管中加入约 20 mL 预处理水样，采用总有机碳分析仪（SHIMADZU，

Japan）进行测定，采用超纯水作为空白对照。

（6）总磷（Total Phosphorus，TP）

采用钼锑抗分光光度法对水样中总磷指标进行测定。

取消解后的水样（使含 P 量不超过 30 μg）加入 50 mL 比色管中，用水稀释至刻度线。向比色管中加入 1 mL 10%抗坏血酸，混匀。30 s 后加入 2 mL 钼酸盐溶液充分混匀，放置 15 mL。于 700 nm 处测定样品的吸光度值。根据预先做好的吸光值—浓度标准曲线计算得出样品中 TP 的含量（mg/L）。

（7）金属离子

采用 ICP-MS 对金属离子进行测定。

样品消解：量取 50 mL 预处理水样于 150 mL 烧杯或锥形瓶中，加入 5 mL 浓盐酸，置于温控加热设备上，盖上表面皿或者小漏斗，保持溶液温度（95±5）℃，不沸腾加热回流 30 min，移去表面皿，蒸发至溶液为 5 mL 左右时停止加热。待冷却后，再加入 5 mL 浓盐酸，盖上表面皿，继续加热回流，将溶液蒸发至 5 mL 左右。

待上述溶液冷却后，缓慢加入 3 mL 过氧化氢，继续盖上表面皿，并保持溶液温度（95±5）℃，加热至不再有大量气泡产生，待溶液冷却，继续加入过氧化氢，每次为 1 mL，直至只有细微气泡或大致外观不发生变化时，移去表面皿，继续加热，直到溶液体积蒸发约 5 mL。溶液冷却后，用适量试验用水淋洗内壁至少 3 次，转移至 50 mL 容量瓶定容。利用 ICP-MS 并根据预先做好的标准曲线计算得出样品中金属的含量（μg/L）。

6.1.2　微生物学指标

在微生物学指标方面，除总细菌数外，一般采用总大肠菌群、耐热大肠菌群及大肠埃希氏菌作为水体粪便污染的指示微生物《生活饮用水卫生标准》（GB 5749—2006）。这些菌群与其他典型水传病原微生物并没有直接相关性（Wang H et al.，2012；Falkinham J O et al.，2015），不能指示水传病原微生物的污染行为。此外，不同地区、饮食习惯、污水成分、人群特征、畜禽养殖特征等因素，也会影响水传病原微生物的种类和水平，进而带来流行病学风险。所以，针对不同病原微生物的定量分析尤为重要。本书采用荧光定量-PCR（qPCR）方法，对十余种典型水传病原微生物进行定量检测（表 6-1），包括贾第鞭毛虫和隐孢子虫（简称"两虫"）这两种原生动物指标。

（1）微生物学指标样品预处理

使用次氯酸钠预灭菌的塑料桶在每个采样点采集 10 L 水样，采用孔径为 0.22 μm 的混合纤维素酯膜过滤水样至膜完全堵塞，记录水样体积。选取当地年出栏量 2 000 头的生猪养殖场，采用 50 mL 无菌离心管，采集粪便样品。

（2）微生物学指标检测方法

本研究采用定量-PCR方法定量16S rRNA基因定量样品的总细菌数，采用不同病原微生物特异性引物定量样品的病原微生物数量（表6-1）。

表6-1　病原微生物特异性引物探针

靶微生物	引物探针	探针序列 5′-3′	扩增片段长度/bp
耶尔森氏菌	16S-2F	CGGCAGCGGGAAGTAGTTT	201
Yersinia	16S-2R	GCCATTACCCCACCTACTAGCTAA	
霍乱弧菌	EPsM-F	GAATTATTGGCTCCTGTGCAGG	248
Vibrio cholerae	EPsM-R	ATCGCTTGGCGCATCACTGCCC	
大肠杆菌 O157：H7	stx2-r	GTCATGGAAACCGTTGTCAC	200
Escherichia coli O157：H7	stx-2f	ATTAACCACACCCCACCG	
宋内志贺氏菌	TEcol533-F	TGGGAAGCGAAAATCCTG	258
Shigella Sonnei	TEcol754-R	CAGTACAGGTAGACTTCTG	
铜绿假单胞菌	PAL1	ATGGAAATGCTGAAATTCGGC	328
Pseudomonas aeruginosa	PAL2	CTTCTTCAGCTCGACGCGACG	
嗜肺军团菌	JFP	AGGGTTGATAGGTTAAGAGC	386
Legionella pneumophila	JRP	CCAACAGCTAGTTGACATCG	
沙门氏菌	H-for	ACTCAGGCTTCCCGTAACGC	423
Salmonella spp.	Ha-rev	GAGGCCAGCACCATCAAGTGC	
金黄色葡萄球菌	Sa-1	GAAAGGGCAATACGCAAAGA	482
Staphylococcus aureus	Sa-2	TAGCCAAGCCTTGACGAACT	
幽门螺杆菌	HPyR1	GCTTTTTTGCCTTCGTTGATAGT	135
Helicobacter pylori	HPyF1	GGGTATTGAAGCGATGTTTCCT	
鸟分枝杆菌	Tb11	ACCAACGATGGTGTGTCCAT	441
Mycobacterium avium comPlex	Tb12	CTTGTCGAACCGCATACCCT	
空肠弯曲杆菌	Aero-F	TGTCGGSGATGACATGGAYGTG	720
Canpylobacter jejuni	Aero-R	CCAGTTCCAGTCCCACCACTTCA	
总细菌数	341-F	CCTACGGGAGGCAGCAG	193
Total bacteria	534-R	ATTACCGCGGCTGCTGG	
隐孢子虫	βtub1F	ATGCTGTAATGGATGTAGTTAGACA	157
Cryptosporidium	βtub2R	GTCTGCAAAATACGATCTGG	
贾第鞭毛虫	Gia40F	CGACGACCTCACCCGCAG	749
Giardia	Gia773R	GAGAGGCCGCCCTGGATC	

6.2 结果分析

6.2.1 实时物化指标检测结果

箐林溪流域地处开县大德乡区域,该地区在每年 10 月平均气温为 16~22℃,平均降水总量为 92 mm/月。如表 6-2 所示,受采样当天具体时间及水样采集点的环境影响,不同水样采集点的水温存在一定差别。采样点 A 作为箐林溪的主要源头,海拔较高,水质基本没有受到污染,表现为水体溶解氧相对较高,达到 8.75 mg/L。电导率和浊度也在 12个水样采集点中处于最低水平,分别为 157.5 μS/cm 和 0.53 NTU。电导率和浊度反映了水中溶解性离子和悬浮物的浓度,能够在一定程度上指示不同采样采样点的污染程度。除源头 A 点外,箐林溪流域其他各采样点均受到不同程度的污染,且污染程度呈现上游至下游逐渐积累的趋势。L 点虽然是箐林溪流域的次要源头,地处大慈镇,却是当地的主要排污口。由于缺乏相应的污水处理设施,当地的污水基本是直接排放,所以以 L 点汇集了大量的生活污水,加之污泥淤积导致水流缓慢,水体中富含的大量有机物能够促进微生物繁殖,消耗氧气,降低水体溶解氧浓度,溶解氧(DO)仅为 4.23 mg/L。浊度指标也超过了 20 NTU,该水样采集点的整体水质呈现较差水平。

表 6-2 箐林溪流域水样常规物理指标(2014 年 10 月)

地点	温度/℃	DO/(mg/L)	pH	电导率/(μS/cm)	浊度/NTU
A	15.20	8.75	7.20	157.50	0.53
B	16.30	8.40	7.30	341.00	6.98
C	18.00	7.92	8.20	232.00	5.34
D	20.30	9.03	8.30	228.00	5.34
E	19.50	8.61	8.60	224.00	4.37
F	18.70	7.62	8.20	242.00	6.26
G	18.50	7.73	8.30	290.00	3.35
H	20.10	8.10	8.50	436.00	9.89
I	16.40	8.35	8.30	292.00	4.66
J	17.80	8.12	8.70	329.00	7.67
K	16.40	7.67	7.70	268.00	14.73
L	15.80	4.23	7.20	354.00	>20
平均值	17.93	8.21	8.12	276.32	6.28

注: 由于 L 点为主要排污口,数值与箐林溪流域其他采样点差别较大,故均值计算结果为排除 L 点的结果。

箐林溪流域 2 月平均气温为 7～13℃，平均降水总量为 22 mm/月，气温和降水量在
4 次采样中均处于最低水平。冬季的箐林溪温度较低，微生物代谢活动偏弱，耗氧量较
低，因此水中溶解氧浓度在 4 次采样中最高，基本处于过饱和的状态，除 L 点外，所有
样品的溶解氧均高于 10 mg/L。2 月，箐林溪流域处于枯水期，部分支流甚至出现断流的
状况，河流和库区水位较低，这导致水中溶解性离子浓度偏高，即电导率均值较 10 月高
出 27.3%，达到 351.73 μS/cm。同时，水量降低也导致不同样点的水质差异增加，尤其在
浊度变化明显。H 点为下游采样点，位于当地废弃养殖场附近，该点可能受废弃养殖场
后续影响，水样浊度很高（＞20 NTU）。L 点作为该流域最主要的生活污水污染源，依旧
呈现溶解氧最低（3.67 mg/L）、浊度最高（＞20 NTU）。其他采样点所受污染程度较小，
除浊度外，水质指标没有明显异常（表 6-3）。

表 6-3 箐林溪流域水样常规物理指标（2015 年 2 月）

地点	温度/℃	DO/（mg/L）	pH	电导率/（μS/cm）	浊度/NTU
A	5.60	11.91	7.27	171.00	0.66
B	7.30	12.20	7.40	411.00	11.45
C	8.50	16.68	8.60	280.00	5.42
D	8.30	11.65	8.30	282.00	3.59
E	8.20	11.60	8.40	281.00	6.12
F	8.30	10.80	8.30	298.00	6.15
G	7.80	13.25	8.10	423.00	0.87
H	8.50	10.22	8.00	485.00	＞20
I	7.90	16.56	8.80	426.00	0.74
J	12.10	10.54	8.30	460.00	3.11
K	6.90	10.88	7.40	352.00	10.37
L	7.50	3.67	7.20	911.00	＞20
平均值	8.13	12.39	8.08	351.73	6.26

箐林溪流域 5 月平均气温为 19～27℃，平均降水总量为 154 mm/月。即将进入夏季
的 5 月，当地降水量明显升高，水量的增加会增强对污染物的稀释能力，流域的自净能
力也随之提升，样品溶氧均表现出正常的水平，且大部分水质指标都比较正常，而 H 点、
L 点作为主要污染位点，浊度仍然处于最高水平，均高于 20 NTU（表 6-4）。

表 6-4 箐林溪流域水样常规物理指标（2015 年 5 月）

地点	温度/℃	DO/（mg/L）	pH	电导率/（μS/cm）	浊度/NTU
A	16.40	8.70	7.90	202.00	1.34
B	22.80	8.85	7.66	424.00	18.43
C	22.40	8.47	7.98	451.00	4.25
D	24.20	12.23	9.40	216.00	11.25

地点	温度/℃	DO/（mg/L）	pH	电导率/（μS/cm）	浊度/NTU
E	23.30	3.43	7.34	324.00	6.47
F	18.20	9.04	7.94	291.00	2.80
G	22.50	8.76	8.38	447.00	6.78
H	25.50	6.70	7.85	468.00	>20
I	24.50	11.45	8.72	444.00	3.61
J	24.40	7.68	7.93	599.00	16.59
K	20.50	7.65	7.73	407.00	9.37
L	21.30	3.34	7.43	1 655.00	>20
平均值	22.25	8.45	8.08	388.45	9.96

　　箐林溪流域 8 月平均气温为 25～34℃，平均降水总量为 133 mm/月。8 月，进入夏季的箐林溪流域水温最高，水体中微生物新陈代谢旺盛，耗氧量高，水样平均溶解氧含量在 4 次采样中最低（7.91 mg/L），H 点、J 点、L 点浊度均高于 20 NTU，这可能与水量增大、水流增加有关。L 点作为主要污染源，电导率和浊度仍然处于最高水平（表 6-5）。

表 6-5　箐林溪流域水样常规物理指标（2015 年 8 月）

地点	温度/℃	DO/（mg/L）	pH	电导率/（μS/cm）	浊度/NTU
A	19.80	8.25	8.06	212.00	2.39
B	25.50	6.74	7.81	350.00	13.57
C	25.00	9.38	8.18	196.00	5.03
D	27.20	10.18	8.96	215.00	4.37
E	25.80	6.77	7.75	319.00	5.69
F	23.40	6.33	7.77	257.00	7.80
G	25.50	8.62	8.39	417.00	3.87
H	27.30	5.94	7.93	501.00	>20
I	25.90	9.39	8.46	418.00	3.73
J	25.10	7.92	8.07	446.00	>20
K	22.70	7.54	7.74	302.00	15.48
L	25.00	3.73	7.53	676.00	>20
平均值	24.84	7.91	8.10	330.27	11.88

6.2.2　常规物化指标检测结果

　　C、N、P 作为水体中重要的营养元素，通过测定其浓度有助于了解水体的有机污染浓度，有利于水质风险评价和污染防控。本书通过 TOC 仪、离子色谱、分光光度计等仪器对水体中总有机碳（TOC）、氨氮（NH_4^+-N）、硝酸盐氮（NO_3^--N）、亚硝酸盐氮（NO_2^--N）、总氮（TN）、总磷（TP）、氯离子（Cl^-）、硫酸根离子（SO_4^{2-}）等进行测定（图 6-2）。

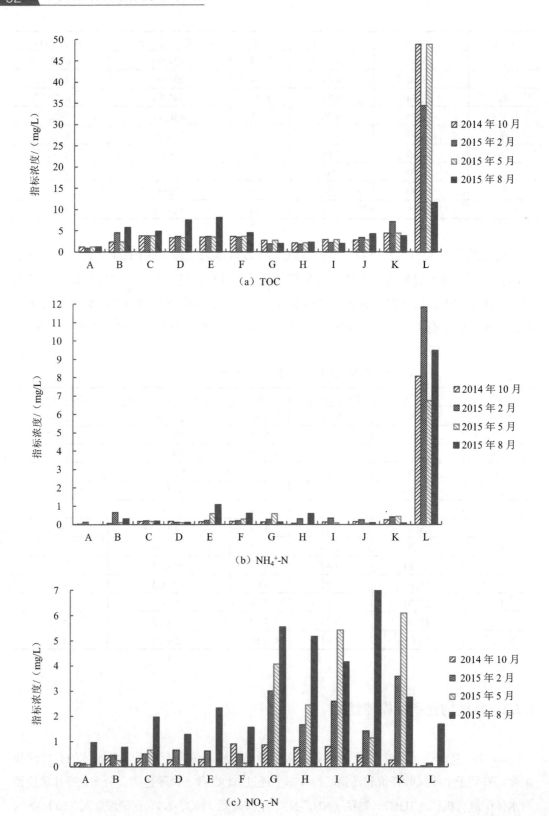

（a）TOC

（b）NH$_4^+$-N

（c）NO$_3^-$-N

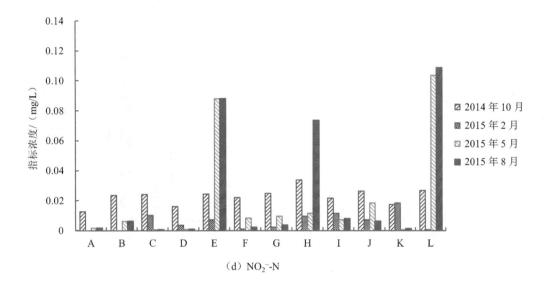

（d）NO$_2^-$-N

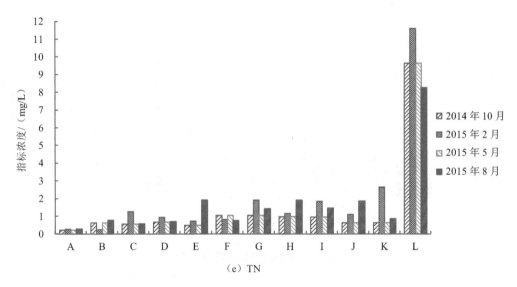

（e）TN

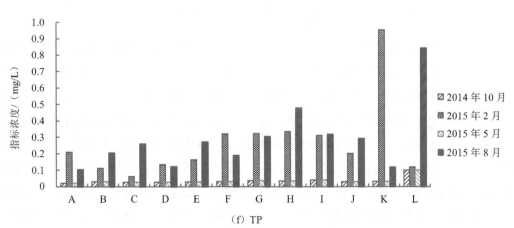

（f）TP

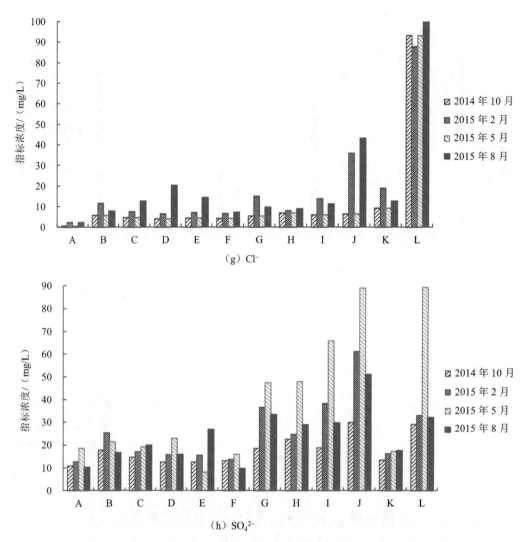

图 6-2　箐林溪流域水样物化指标

注：横坐标代表采样点，A：源头；B：小水渠；C：三桥；D：水库上游；E：天宫村排污口；F：大坝下游；G：二桥；H：废弃养殖场；I：一桥；J：入户口；K：支流；L：大慈镇。纵坐标代表指标浓度。

如图 6-2 所示，除 L 点外，全年各水样采集地点的 TOC 含量都相对较低，浓度基本维持在 5 mg/L 以下，极少数数值在 5～10 mg/L，说明水体污染程度轻。在 4 个季度的采样时间内，L 点的 NH_4^+-N、NO_2^--N、TP、TN、Cl^-、SO_4^{2-} 都表现出较高的浓度，其中 TOC 浓度接近 50 mg/L，NH_4^+-N 浓度接近 8 mg/L，达到生活污水范畴。在采样时发现该地点水流缓慢，水质发黑、发臭，微生物厌氧作用明显。L 点作为当地的主要排污口，有机和无机污染物成分复杂，但是由于 L 点附近居民人数不多，污染物排放量有限，对其下游水质（G 点、H 点、I 点、J 点）没有产生明显的负面影响。J 点作为整个箐林溪流域于汉丰湖的最终汇集处，该处水质状况反映了整个箐林小溪流域人类活动对水体环境的影响。由图 6-2 可以看出，除 SO_4^-、Cl^- 等浓度相对偏高外，其他指标都比较低，符合地表水水质标准。

箐林溪流域作为三峡库区的重要组成部分，经过多年的退耕还林还草且限制人类活动，如今该地区植被丰富，水体自净能力强。E 点、L 点、H 点在排污口或废弃养殖场附近，部分水质指标劣于其他地点，特别是 NO_2^--N 含量普遍较高。但是由于污染物总量有限、水体自净能力强，污染水体区域对整个箐林溪流域基本没有明显影响，即整个箐林溪流域的物化水质指标基本合格。除排污口的污染物浓度容易发生波动外，在不同时间，箐林溪流域的 TOC、TN、TP 浓度相对较低，其中 TOC、TN 浓度季节性变化并不明显。

彭绪亚等（2010）通过对三峡库区农村生活污水排放特征进行研究发现 COD、TN、TP 的浓度会随着季节的变化表现出夏季浓度低、冬季浓度较高的规律。本书通过对箐林溪流域水质物化分析，并没有发现相同的规律。这可能是因为该地区生态环境好、环境自净能力强，能够有效地减弱人类活动所造成的水体质量的波动。此外，较为分散的农村人口分布，也能够减少不同区域的污染物排放总量。

6.2.3　金属离子指标检测结果

通过 ICP-MS 仪器对箐林溪流域水体中的金属元素进行分析见表 6-6～表 6-9。结果发现，除个别排污口外，不同时间、不同地点采集的水体水质都比较好，没有发现明显含量超标的金属元素。除钙、镁等增加水体硬度的金属元素含量相对偏高外，箐林溪流域不存在重金属元素污染的问题。河流重金属污染主要来自土壤淋溶、人类农业和工业活动影响等。箐林溪流域地理位置相对偏僻，河流流经区域多数属于乡村，工业不发达，且政府出于对三峡库区生态环境的保护，限制畜牧养殖业，控制农业化肥、农药的施用，这极大地减少了当地农业污染源，降低了农业面源污染发生的概率，对箐林溪流域起到了很好的保护作用。

表 6-6　箐林溪流域水样金属离子指标（2014 年 10 月）　　　　单位：mg/L

地点	Mg	Ca	Cu	Fe	Mn	Al	Cd	Cr
A	2.23	24.91	0.03	0.00	0.00	0.04	0.00	0.00
B	4.66	57.39	0.03	0.13	0.03	0.08	0.00	0.00
C	2.93	37.98	0.03	0.04	0.00	0.05	0.00	0.00
D	2.91	37.50	0.03	0.01	0.00	0.03	0.00	0.00
E	3.28	59.22	0.03	0.15	0.01	0.17	0.00	0.00
F	3.18	40.45	0.03	0.20	0.05	0.24	0.00	0.00
G	4.73	45.92	0.03	0.07	0.00	0.09	0.00	0.00
H	10.47	65.65	0.03	0.11	0.03	0.08	0.00	0.00
I	4.85	47.09	0.03	0.04	0.00	0.09	0.00	0.00
J	6.61	43.87	0.03	0.02	0.00	0.07	0.00	0.00
K	3.44	40.73	0.03	1.59	0.12	0.06	0.00	0.00
L	4.28	47.25	0.03	0.15	0.12	0.17	0.00	0.00

表 6-7　箐林溪流域水样金属离子指标（2015 年 2 月）　　　　　单位：mg/L

地点	Mg	Ca	Cu	Fe	Mn	Al	Cd	Cr
A	12.26	26.23	0.00	0.00	0.00	0.02	0.00	0.00
B	8.90	60.23	0.00	0.09	0.04	0.05	0.00	0.00
C	7.71	33.52	0.00	0.00	0.00	0.06	0.00	0.00
D	8.29	29.35	0.00	0.00	0.00	0.02	0.00	0.00
E	10.83	48.25	0.00	0.05	0.00	0.05	0.00	0.00
F	18.34	35.96	0.00	0.00	0.05	0.10	0.00	0.00
G	27.10	40.65	0.00	0.00	0.00	0.02	0.00	0.00
H	21.21	62.35	0.00	0.04	0.01	0.05	0.00	0.00
I	19.02	42.36	0.00	0.00	0.00	0.03	0.00	0.00
J	11.87	41.28	0.00	0.05	0.00	0.05	0.00	0.00
K	21.00	35.69	0.00	0.50	0.15	0.06	0.00	0.00
L	6.28	44.36	0.00	0.32	0.18	0.23	0.00	0.00

表 6-8　箐林溪流域水样金属离子指标（2015 年 5 月）　　　　　单位：mg/L

地点	Mg	Ca	Cu	Fe	Mn	Al	Cd	Cr
A	2.23	24.91	0.03	0.00	0.00	0.04	0.00	0.00
B	4.66	57.39	0.03	0.13	0.03	0.08	0.00	0.00
C	2.93	37.98	0.03	0.04	0.00	0.05	0.00	0.00
D	2.91	37.50	0.03	0.01	0.00	0.03	0.00	0.00
E	3.28	59.22	0.03	0.15	0.01	0.17	0.00	0.00
F	3.18	40.45	0.03	0.20	0.05	0.24	0.00	0.00
G	4.73	45.92	0.03	0.07	0.00	0.09	0.00	0.00
H	10.47	65.65	0.03	0.11	0.03	0.08	0.00	0.00
I	4.85	47.09	0.03	0.04	0.00	0.09	0.00	0.00
J	6.61	43.87	0.03	0.02	0.00	0.07	0.00	0.00
K	3.44	40.73	0.03	1.59	0.12	0.06	0.00	0.00
L	4.28	47.25	0.03	0.15	0.12	0.17	0.00	0.00

表 6-9　箐林溪流域水样金属离子指标（2015 年 8 月）　　　　　单位：mg/L

地点	Mg	Ca	Cu	Fe	Mn	Al	Cd	Cr
A	3.42	1.48	0.00	0.00	0.00	0.00	0.00	0.00
B	5.84	2.58	0.00	0.00	0.01	0.00	0.00	0.00
C	6.20	2.54	0.00	0.00	0.01	0.00	0.00	0.00
D	4.33	1.39	0.00	0.00	0.00	0.00	0.00	0.00
E	5.60	1.90	0.00	0.00	0.00	0.00	0.00	0.00
F	4.29	1.50	0.00	0.00	0.00	0.00	0.00	0.00
G	7.92	2.72	0.00	0.00	0.00	0.00	0.00	0.00
H	12.40	2.80	0.00	0.00	0.00	0.00	0.00	0.00
I	8.27	2.51	0.00	0.00	0.00	0.00	0.00	0.00
J	7.52	2.46	0.00	0.00	0.00	0.00	0.00	0.00
K	4.70	1.79	0.00	0.00	0.00	0.00	0.00	0.00
L	9.56	2.91	0.00	0.00	0.27	0.00	0.00	0.00

6.2.4　微生物学指标检测结果与讨论

（1）箐林溪流域水样样品病原微生物的时空分布

由图 6-3 可知，箐林溪流域水样中病原微生物的总体趋势呈现出一定规律。具体表现为：

1）从源头到汉丰湖入口，病原菌丰度逐渐上升，即上游至下游呈现一定的累积效应；

2）人群密集程度越高，病原菌丰度越高，呈现与人群密集度相关的规律，其中不同病原微生物还呈现出各自特有的规律；

3）夏季病原菌丰度明显高于冬季病原菌丰度。

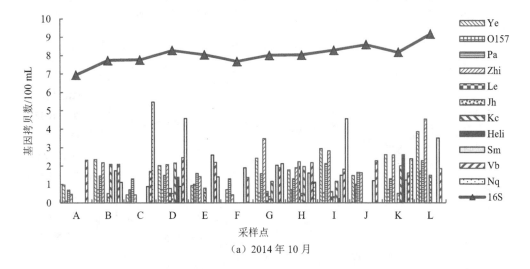

（a）2014 年 10 月

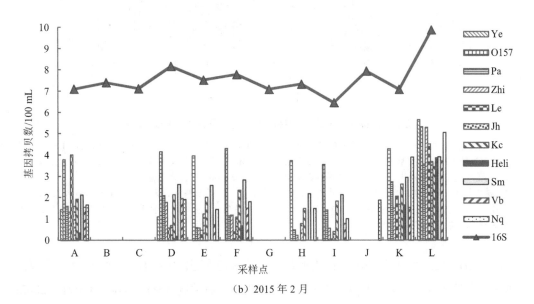

（b）2015 年 2 月

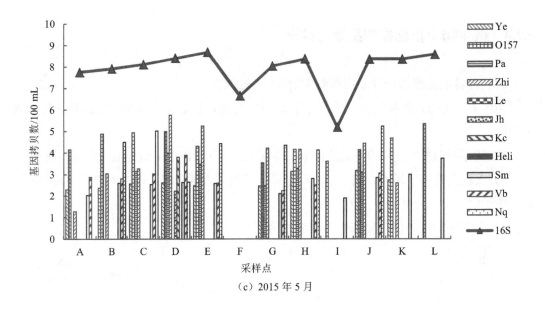

（c）2015 年 5 月

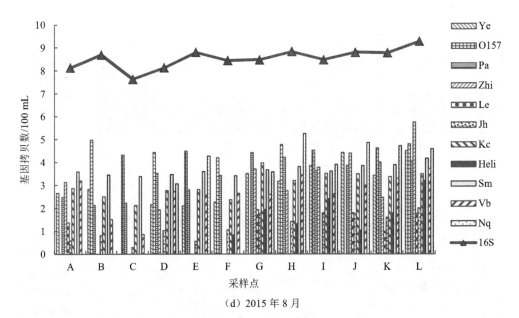

（d）2015 年 8 月

图 6-3　箐林溪流域水样中病原微生物特异性基因的浓度变化

注：1. 16S：总细菌数；Ye：耶尔森氏菌；O157：肠出血性大肠杆菌；Pa：绿脓杆菌；Zhi：志贺氏菌；Le：军团菌；Jh：金黄葡萄球菌；Kc：空肠弯曲杆菌；Heli：幽门螺杆菌；Sm：沙门氏菌；Vb：霍乱弧菌；Nq：鸟型分枝杆菌。

2. 由于定量 PCR 检测限的原因，本书将（$C_t \geqslant 30$）10^3 拷贝数/100 mL 视为未检出。

3. 横坐标代表采样点，A：源头；B：小水渠；C：三桥；D：水库上游；E：天宫村排污口；F：大坝下游；G：二桥；H：废弃养殖场；I：一桥；J：入户口；K：支流；L：大慈镇。纵坐标代表病原菌对应的特异性基因拷贝数，数值根据准质粒建立的标准曲线计算获得。

O157:H7 血清型属于肠出血性大肠杆菌，可引起肠出血性腹泻，2%～7%的病人会发展成溶血性尿毒综合征，儿童与老人最容易出现后一种情况（Samadpour M et al.，2002；

Grant J et al., 2008）。致病性 O157 通过污染饮水、食品、娱乐水体引起疾病暴发流行，病情严重者，可危及生命。由定量-PCR 结果可知，O157 在各水样中的检出数目在 0～10^5拷贝数/100 mL，且在 4 个季度的采样中均有检出，检出率较高，其中在 2015 年 5 月的水样 L（大慈乡生活污水排放点）中检出最多，达到 231 101 拷贝数/100 mL。此外，在 2015 年 2 月、10 月的多处样品中也检出了 10^4 拷贝数/100 mL 左右的 O157。在设置的 12 个采样点中，G 采样点的 O157 的平均水平最低。人畜粪便是 O157 的重要传播源，由于 G 采样点处于该流域断面，与人口密集区域隔离，并且远离现存的养殖场（原有的养殖场已经废弃 2 年以上），所以形成 O157 丰度低的现象。与 O157 时空分布情况类似的是志贺氏菌，该菌在 4 个季度多个水样中均有检出。志贺氏菌是导致痢疾的重要病原菌。志贺氏菌易感染人类，10～200 个细菌可使 10%～50%志愿者致病（Bara et al.，2006）。水样 L 中志贺氏菌的平均水平高于其他采样点，最高检出数目达到了 569 464 拷贝数/100 mL 的水平，而其他采样点的水样中，志贺氏菌一般在 10^3～10^4 拷贝数/100 mL 的水平，检测结果基本与水质情况吻合，水样 L 的 TOC 水平均高于其他采样点水样，即水样营养水平越高，可能存在的病原菌概率越大。

　　2015 年 8 月样品 H 点、I 点、J 点、K 点、L 点中均检出霍乱弧菌，数量达到 10^3～10^4拷贝数/100 mL。其中水样 L 中检出最多，为 5 541 拷贝数/100 mL。在 12 个采样点中，L 的 TOC 平均值最大，尤其在 5 月，其 TOC 达到 48.9 mg/L，是所有水样中的最高峰值。所以，再一次说明病原菌的检测结果与水质情况基本吻合。此外，在多个水样中均检出沙门氏菌和空肠弯曲杆菌。沙门氏菌水平在 2015 年 8 月的样品中高于其他 3 个季度的沙门氏菌水平，最大检出数目达到 14 939 拷贝数/100 mL。沙门氏菌属于肠道细菌科，包括那些引起食物中毒，导致胃肠炎、伤寒和副伤寒的细菌。沙门氏菌病是公共卫生学上具有重要意义的人畜共患病之一，人畜感染后可呈无症状带菌状态，也可表现为有临床症状的致死疾，它可能加重病态或死亡率，或者降低动物的繁殖生产力（黄静玮 等，2011）。空肠弯曲杆菌最高检出水平为 9 677 拷贝数/100 mL。该结果与霍乱弧菌的规律相似，均与温度呈显著相关性，即温度越高（8 月水样），细菌的检出率越高。

　　鸟型分枝杆菌的检出呈现出特别的规律性，在流域断面的下游，即在 H 点、I 点、J 点、K 点、L 点水样中基本有检出，数目在 10^3～10^5 拷贝数/100 mL 的水平，而在源头到流域断面区域基本不检出。其中水样 J 比其他采样点的水样，平均高出一个数量级，由于 J 为该流域与汉丰湖的交汇口，可能鸟型分枝杆菌在汉丰湖的丰度比较高，即区别之前的温度影响，呈现地域分布规律。

　　Ye 仅在 2014 年 10 月样品中检出，检出数量级在 10^2～10^3 拷贝数/100 mL 的水平。铜绿假单胞菌、嗜肺军团菌、幽门螺杆菌仅在 2015 年 8 月水样 D 中有检出，检出数量级在 10^3 拷贝数/100 mL 的水平。检出水平均较低，基本处于检测限附近。检出率呈现出较大的波动和无规律性。这可能是由于该流域一直处于改造阶段的原因（在连续采样的一年中，靠近汉丰湖区域一直处于工程中)。贾第鞭毛虫、隐孢子虫("两虫")在所有水样中均未检出。

（2）小型生猪养殖场粪便样品病原微生物的时空分布

本书选取了篁林溪流域最大的一个生猪养殖场（年出栏量约 2 000 头），检测了畜禽粪便样品中病原微生物的情况。

与篁林溪流域水样检测结果不同，4 个季度的粪便样品中的病原菌丰度呈现比较稳定的趋势规律（图 6-4）。与水样中病原微生物相关性良好的温度、地理环境、人口密集度等因素对粪便样品中病原菌的分布影响较小。养殖场是一个相对封闭的区域，畜禽的饮食结构也相对单一，造成病原菌容易富集的环境。由图 6-4 可知，几乎所有的被选病原微生物在 4 个季度的粪便样品中均有检出，但各个季度的丰度略有不同，待测病原菌的丰度为 $10^2 \sim 10^8$ 拷贝数/g。2014 年 10 月样品中，鸟型分枝杆菌的丰度最高，达到 10^6 拷贝数/g；2015 年 2 月样品中，志贺氏菌的丰度最高，达到 10^8 拷贝数/g；而 2015 年 5 月和 8 月是铜绿假单胞菌的丰度最高，达到 10^8 拷贝数/g。两虫可通过饮用水传染并使人致病，普通人对"两虫"疾病普遍易感，尤其是免疫力低下或缺陷者如婴幼儿、艾滋病患者等更易受感染（张会宁 等，2011）。近年来，"两虫"疾病呈全球性流行趋势，其中全球有 70 多个国家有报道，超过 300 个地区发现"两虫"疾病的流行，"两虫"疾病也已成为各国需要重点防控的公共卫生疾病。在 4 个季度的粪便样品中，作为"两虫"指标之一的贾地鞭毛虫在 8 月和 10 月的样品中有检出，而隐孢子虫在所有样品中均无明显检出。这些病原微生物均存在一定的生物学风险，也说明养殖场确实是病原微生物的贮存和传播源，所以应该将养殖场作为一个重点防控的区域。

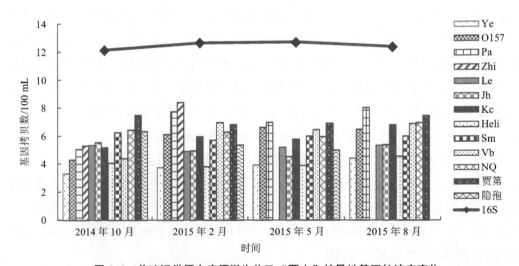

图 6-4 养殖场粪便中病原微生物及"两虫"特异性基因的浓度变化

注：1. 16S：总细菌数；Ye：耶尔森氏菌；O157：肠出血性大肠杆菌；Pa：绿脓杆菌；Zhi：志贺氏菌；Le：军团菌；Jh：金黄葡萄球菌；Kc：空肠弯曲杆菌；Heli：幽门螺杆菌；Sm：沙门氏菌；Vb：霍乱弧菌；Nq：鸟型分枝杆菌；贾第：贾地鞭毛虫；隐孢：隐孢子虫。

2. 由于定量 PCR 检测限的原因，本书将（$C_t \geqslant 30$）10^3 拷贝数/100 mL 视为未检出。

3. 横坐标代表采样时间，纵坐标代表病原菌对应的特异性基因拷贝数，数值根据标准质粒建立的标准曲线计算获得。

对比箐林溪流域水样的病原菌空间分布，粪便样品中高丰度的病原菌种类略有不同。例如在水样样品中铜绿假单胞菌，贾地鞭毛虫在水样中检出率很低而在粪便样品中检出，在粪便样品中检出率相对低的大肠杆菌却是水样中检出率最高的。这说明箐林溪流域存在自净化作用，可以对一些种类的病原菌进行去除，箐林溪流域可以负荷小型养殖场的规模；也说明养殖场只是一部分病原菌的温床，病原菌的存在还有其他诸多因素，应该作为重点的防护区域。

6.3　本章小结

通过对箐林溪流域 12 个采样点 4 个季度的水样以及一个生猪养殖场粪便样品的采集分析，探讨了农业面源污染对地表水体及水源水质的影响。结果表明：

（1）箐林溪流域的部分污水排放区域水质较差，但由于水体的自净作用，以及三峡库区保护策略的实施，流域的水质物化指标基本合格，符合地表水环境标准，即农业面源污染程度较轻。

（2）除钙、镁等增加水体硬度的金属元素含量偏高外，箐林溪流域不存在重金属元素污染的问题。这与当地工业不发达，以及政府对三峡库区生态环境的保护措施有关。

（3）流域水样中病原微生物检出与人口密度、温度相关性高，但多数病原细菌检出绝对数量很低，且无"两虫"检出，水样的致病风险不高。

（4）流域养殖场粪便样品几乎所有待测病原菌均有检出且丰度较高，并不随季节波动变化，呈现稳定检出状态；"两虫"指标中贾第鞭毛虫也有检出（8 月、10 月样品），即生猪养殖场是主要的病原微生物污染源。

（5）虽然水体自净作用可有效减少养殖场病原微生物的丰度，但仍应将养殖场作为一个重点防控的区域，建议在其周围建立污水净化措施，进一步保障流域的微生物安全。

第 7 章
三峡库区肉牛养殖的污染控制与环境承载力

改革开放以来，养殖业成为我国农业领域增长最快的产业之一（林源，2012），其中，肉牛业的发展尤为迅速。2008 年，我国的肉牛存栏量为 10 594.8 万头，出栏量达 4 446.1 万头（杨泽霖 等，2010），排名位于世界第四（曹建民 等，2011）。现有的肉牛研究多侧重于畜牧经济、饲料改良、温室效应等方面（曹建民 等，2011；荆元强 等，2012；何忠伟，2014），对其快速发展带来的环境健康风险却很少关注。

自"十二五"时期开始，肉牛养殖成为三峡库区扶持的重点产业。"牵着牛儿奔小康"已成为当地农民家喻户晓的口号。可是，随着养殖规模的迅速扩大，牛粪尿处理率却未得到同速的提高。一头肉牛一年大约产生粪便量 7.7 t，排放 COD 0.239 t、BOD 0.189 t（王晓燕，2011）、TN 0.027 t、TP 0.006 3 t（王方浩 等，2006），单位饲养量的产污水平在各类畜禽中仅次于奶牛。肉牛养殖产生的污染隐患在库区凸显，潜在的环境风险日益增加。

2018 年 9 月，中共中央、国务院印发了《乡村振兴战略规划（2018—2022 年）》，主张畜牧业走"种养结合、农牧循环"的发展模式，并坚持源头减量、过程控制、末端利用的污染治理路径，形成以规模化生产、集约化经营为主导的发展格局。在此背景下，探讨三峡库区肉牛养殖的污染控制与环境承载力，一定程度上，可以为畜禽养殖健康发展模式研究提供案例支撑，也可为改进库区养殖污染负荷削减措施的不足制定合理的肉牛产业发展规划，促进当地环境—经济双赢提供理论依据。

本章主要根据 2013 年笔者执笔的研究报告《三峡库区肉牛养殖的环境承载力研究》和已发表的论文（冯琳，2016）整理而得。

7.1　肉牛养殖污染的环境影响

牛粪尿会对周围的空气质量产生影响。由于肉牛对饲料中的营养成分不能完全消化吸收，牛粪尿中有足够的营养物质和能量来支持虫卵生长［含水量 30%～85% 的牛粪最适合苍蝇虫卵生存生长（刘连生 等，2008）］并产生大量恶臭气体。该恶臭气体的成分很复杂，现已鉴定出的有 94 种，主要有包括挥发性脂肪酸、醇类、酚类、酸类、醛类、酮类、胺类、硫醇类、含氮杂环化合物 9 类有机化合物，以及氨气、硫化氢 2 种无机物（卞有生 等，2004）。当这些有害气体浓度高时，不仅会影响周边居民健康，还会影响牛自身的健康和生产性能。

牛粪尿对土壤的影响具有两面性（国辉，2013）。一方面，牛粪可作为肥料施用于农田，牛尿也可以给土壤提供必要的水分。常施用粪肥能提高土壤抗风化和水侵蚀的能力，改变土壤的空气和耕作条件，增加土壤有机质和有益微生物的生长。另一方面，大量粪便会引起土壤中溶解盐的积累，使土壤盐分增高，减少生物活性，影响植物生长（Cabrera V E et al.，2009），高浓度的氮可能会烧坏作物。1999 年非洲有 31% 的牧场土壤因畜禽粪便污染，发生盐渍化，肥力下降（Alice N P，1999）。将畜禽粪便施入农田后，有机质积累，阳离子交换量增加，进而使无机盐积累，土壤中不易移动的磷酸在土壤下层富集，会引起土壤板结。

牛粪尿会污染水体。其污染物主要包括耗氧性有机污染物、氮、磷和致病微生物。耗氧性污染物在水中被微生物分解时，会消耗水中的溶解氧 DO。氮、磷入水会导致水体的富营养化，藻类大量繁殖，水生的动物会缺氧—死亡—腐烂，加剧水体恶化（姚来银 等，2003；刘艳琴 等，2001）。畜禽粪便是病原微生物的主要载体，这些病原微生物可以很长时间维持其感染性。例如，在室温条件下，多条性巴氏杆菌传染性可维持 34 d，马立克氏病毒可维持 100 d（李淑芹 等，2003）。这些病原微生物如不做适当处理，将会成为危险的传染源。未经处理的牛粪尿贮存或施用到田间后，夏季降水或冬季的融雪会把含有牛粪的污水冲刷到清洁的水源中，其中的致病微生物可能随径流进入灌溉或饮用水水源，甚至到达更远的河流湖泊。

7.2　肉牛养殖的污染控制

肉牛养殖的污染控制，遵循"减量化、无害化和资源化"的原则。

7.2.1 污染物的减量化

牛粪尿的减量化，一是靠提高饲料的利用率和转化率，二是选用合适的清粪工艺。

在饲料原料的选购、配方设计、加工饲喂等过程中，进行严格的质量控制和动物营养系统调控，以达到低成本、高效益、低污染的效果。例如，使用微生物饲料增加肉牛肠道内的益生菌含量，促进饲料的消化和吸收，减少粪污排放量；添加复合酶、植酸酶，提高饲料转化率，减少粪污中氮、磷含量；根据肉牛每日需求量投放饲料，以免过度投食产生多余废弃物（廖青 等，2013）。另外，要加强用药管理，控制在饲料中添加抗菌素或其他药物（如抗球虫药）的用量，以降低肉牛体内的抗菌素残留，同时减少牛粪尿中的抗菌素污染。

肉牛养殖废水排放量大、冲击负荷强、有机质浓度高。为了有效提高后续处理效果，降低后续处理费用，需要对养殖场的牛粪便、污水在原地或存放场地实施清粪工艺。通常，清粪工艺分为干清粪和水冲清粪。

干清粪工艺实行"清污分流、粪尿分离"，由人工或机械将渣粪和水、尿分离并分别清除。其主要目的是保持畜舍环境卫生，减少粪污清理过程中的用水、用电，保持固体粪便的营养物，提高有机肥肥效，降低后续粪尿处理成本。该工艺具有应用范围广、经济适用、投资低、管理方便等特点，目前在三峡库区范围内使用较普遍，常用于存栏量100 头以上的肉牛养殖场。

水冲清粪工艺是 20 世纪 80 年代从国外引进规模化养猪技术和管理方法时采用的主要清粪模式（赵馨馨 等，2019），目前也应用于肉牛养殖业。其方法为，将产生的粪尿经漏缝底板或水冲进入贮粪池，经沼气池厌氧发酵处理，产生的沼气经净化处理后用于养殖场及周边农户燃料，沼液用于附近农田灌溉等，沼渣堆肥处置。该工艺具有劳动强度小、劳动效率高等优点，但耗水量大、需大面积消纳土地，一般适用于规模小，或粪便收集方式改造难度大的养殖场。

7.2.2 污染物的无害化

（1）肉牛粪便的无害化处理

厌氧发酵技术可消灭或减少畜禽粪污中的有害微生物和病原体。常用工艺包括升流式厌氧污泥床（UASB）、全混合消化器（CSTR）、塞流式工艺、升流式固体反应器（USR）等。其中，塞流式工艺又包括普通塞流式反应器（PFR）和高浓度塞流式工艺（HCF）。厌氧消化器工艺的选择是决定畜禽粪便沼气工程能否长期、高效、稳定运行的关键。

每种工艺有着自身的原料适应性，适合于不同的工程类型。CSTR、USR 和 PFR 这 3

种工艺适用于"能源生态型"沼气工程。如果悬浮物含量较高，采用 CSTR 或 USR 工艺经济效益更好，而且 CSTR 尤其适合于热电肥联产（CHP）工程模式。

（2）肉牛尿液的无害化处理

肉牛尿液的无害化处理工艺包括前处理和生物处理。

前处理工艺主要包括格栅、沉砂池、集水井、固液分离机、沉淀调节池、干化场等设备设施，同时肉牛养殖厂还应采取雨污分离和干清粪措施。前处理工艺可以达到以下效果：①废水中的悬浮固体浓度和蛋白质、油脂、表面活性剂及钙离子（Ca^+）、铵根离子（NH_4^+）、硫离子（S^{2-}）等物质，在该阶段通过清除粪渣、沉渣、浮渣过程充分减量化，进入厌氧池的粪污水重铬酸盐指数（COD_{Cr}）浓度降低 50%～70%；②通过调整水质，废水进入厌氧池前已初步水解和酸化，兼性、专性厌氧细菌得以迅速繁殖，活性强，有利于沼气的产生；③出水均衡，使水力负荷均匀，废水厌氧降解效果稳定。

生物处理工艺可分为好氧生物处理与厌氧生物处理两种类型。

好氧生物处理分为天然好氧处理与人工好氧处理。天然好氧处理的设施主要有氧化塘（好氧塘、兼性塘、厌氧塘）、养殖塘、土地处理（慢速渗滤、快速法滤、地面漫流）和人工湿地等。这些方法基建费用低，动力消耗少，对难生化降解的有机物、氮磷等营养物和细菌的去除率也高于常规的二级处理，但需要大量的土地。人工好氧处理的方法主要有活性污泥法、生物滤池、生物转盘、生物接触氧化法、序批式活性污泥法（SBR）、厌氧/好氧（A/O）及氧化沟法等。

厌氧生物处理主要是利用大量厌氧微生物，将有机污染物转化为少量污泥和大量沼气。它分为水解、酸化、产乙酸和产甲烷 4 个阶段，BOD 去除率可达 90%以上。该工艺占地少，运行成本低，剩余污泥量少且脱水性能好，可直接处理高浓度有机废水，不需要大量稀释水，并可降解在好氧条件下难以降解的有机物质。厌氧法局限性在于：一是其出水的 COD 浓度较高，仍需要后续处理才能达到较高的排水标准；二是厌氧微生物对环境的变化较为敏感，若对废水性质了解不足或操作不当，可能导致反应器运行条件的恶化。

7.2.3　污染物的资源化

牛粪含有机质 14.5%、氮 0.30%～0.45%、磷 0.15%～0.25%、钾 0.10%～0.15%。牛尿含氮 0.95%、磷 0.03%、钾 0.24%。它们是有价值的能被利用的资源，如果处理得当，可以生产出无害、有利的高附加值产品，产生良好的经济效益和社会效益。发达国家一般将肥料化还田作为牛粪资源化的主要出路。由于牛粪的有机质和养分含量在各种家畜中最低，而且分解速度慢于猪粪和鸡粪，所以牛粪被称为迟效肥料和冷性有机肥（毛薇 等，2016）。经干燥、发酵、防霉和除臭杀菌等技术工艺处理后，牛粪可以加工成为高效有机肥，改良土壤，促进农作物增产。东欧等国家主张粪液分离，固体粪渣用作饲料或是发酵生产有机肥，液体部分用于生产沼气或灌溉农田。美国和日本则认为用牛粪作饲料存在很多安全隐患。我国对于牛粪的资源化措施较为多元，包括能源化、肥料化、饲料化、食用菌栽培等。其中，沼气工程、堆肥、制有机肥是我国几种最常规的牛粪资源化工艺。

7.3 大中型畜禽养殖场污染物防治路线选取

根据我国《大中型畜禽养殖场能源环境工程建设规划》确立的畜禽粪污治理模式，畜禽养殖的污染防治路线可分为达标排放路线和综合利用路线两种。

7.3.1 达标排放路线

达标排放路线（图7-1）主要是针对一些周边既无一定规模的农田，又无闲暇空地可供建造鱼塘和水生植物塘的养殖场。养殖废水在经厌氧消化处理后，必须再经过适当的好氧处理，达到规定的环保标准排放或回用。这种模式多用于大、中城市的近郊区及个别出水要求较高的区域。其工程造价和运行费均相对较高。

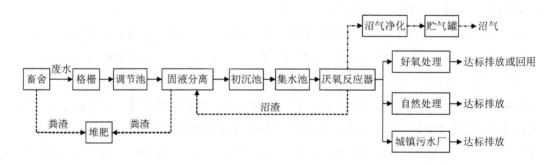

图7-1 达标路线

该技术路线适用条件：日产污水量 50～1 500 t，甚至更大的养殖场；排水要求较高的地区，如城市近郊。

优点：沼气回收与污水达标、环境治理相结合，适用范围广；工艺处理单元效率高，工程规范化，管理操作自动化水平高；对 COD、氨氮的去除率高，出水达标；无二次污染。

缺点：工程投资大，运行费用相对较高；管理、操作技术要求高。

7.3.2　综合利用路线

综合利用路线（图 7-2）适用于一些周边有适当的农田、鱼塘或水生植物塘的畜禽养殖场。它强调种养结合，以生态农业的观点统一筹划、系统安排，利用周边的农田、鱼塘或水生植物塘将厌氧消化处理后的废水完全消纳。畜禽粪便废水在经厌氧消化处理和进一步固液分离后，沼渣用来生产有机肥料，沼液则排灌到农田、鱼塘或水生植物塘，使粪便得到能源、肥料多层次的资源化利用。这种路线遵循了生态农业原则，具有良好的经济效益和环境效益。

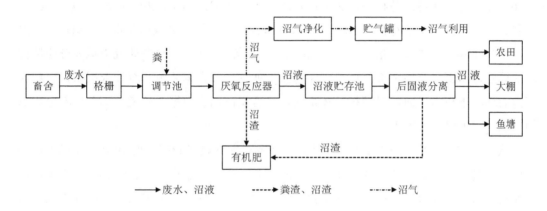

图 7-2　综合利用路线

该工艺路线适用条件：日处理废水量 50～150 t；养殖场周围有较大规模的鱼塘、农田、果园和蔬菜地，可供沼液和沼渣的综合利用。如果可以利用的塘、田、园面积大，则处理规模也可以更大。养殖场必须实行清洁生产、干湿分离，畜禽粪便直接用于生产有机肥料，尿和冲洗水进入处理系统。沼气用户和养殖场距离较近。

优点：工艺处理单元效率较高，管理、操作方便；处理后排放的污水浓度较低，基本满足农田灌溉的要求，对周围环境影响较小；工程投资省，运行费用低，投资回收期短。

缺点：占地面积大，处理效果受气候条件影响大；由于畜禽粪便直接生产有机肥，沼气的获得量相对较低。

可以看出，达标排放路线成本较高，对三峡库区的适用性较低。因此，建议优先选择综合利用路线，运用循环经济的原理消纳肉牛养殖的污染物，通过农牧结合、制有机肥外售等方式实现污染物的资源化。

7.4　肉牛养殖的环境承载力——基于丰都的实证调查

20世纪90年代，国外针对如何减少畜禽养殖对公共环境健康的影响，提出了实施养分原地控制标准（环境承载力）的整治理念（孟岑 等，2013；Caruso B S et al.，2000），如美国国家环保局（EPA）和农业部（USDA）联合制订的综合养分管理计划（Comprehensive Nutrient Management Plan，CNMP）。基于该理念，我国学者近年来对全国、流域、地区的农田畜禽粪便承载现状，类固醇雌激素的耕地承载量陆续开展了广泛研究（王方浩，2006；孟岑等，2013；马林等，2006；刘培芳等，2002；彭里，2009；胡雪飙，2006；王甜甜等，2012；李艳霞等，2013），并发现闽江、太湖等地区规模化畜禽养殖扩张已产生严重的面源污染风险（张维理 等，2004；段勇等，2007）。这些研究秉承养分原地控制的原则，将畜禽粪便全部就地还田作为隐性前提，并根据监测和统计数据来探讨综合畜禽的环境承载力。而针对某种具体畜禽，结合实证调查数据，并考虑不入田养分影响的环境承载力研究还很少。

从库区敏感水环境的长治久安考虑，肉牛养殖并非越多越好。近10年，丰都的肉牛存栏数一直位于三峡库区各区（县）的首位，干牛粪的年排放总量达到10万t以上，肉牛养殖已成为当地农业面源污染的主要贡献单元。与此同时，环境约束也已成为制约肉牛产业良性发展的主要"瓶颈"。接下来，本书以丰都为典型研究靶区，深入调查、分析当地肉牛养殖业的污染控制及资源化情况，并以此为依据，分情景探讨环境约束下肉牛养殖的环境承载力（阈值）。

7.4.1　研究方法

7.4.1.1　研究区域

丰都县位于重庆市版图中心，三峡库区腹心，东经 107°28′03″～108°12′37″，北纬 29°33′18″～30°16′25″，面积 2 901 km²，长江横穿县境 47 km。2013 年，全县总人口 83.53 万人，耕地面积 83 818 hm²，肉牛存栏数达到 21.95 万头。全县肉牛养殖企业 35 家，其中国家级龙头企业 1 家、市级龙头企业 4 家；共有万头养殖场 2 个，千头养殖场 17 个，200～999 头的养殖场 36 个，100～199 头的养殖场 110 个，99 头以下的养殖场 6 000 余个，其中 20～30 头规模的现代庭院牧场共计 757 个（丰都县统计局，2015）。按照《畜禽养殖业污染物排放标准》（GB 18596—2001），丰都集约化养殖场（存栏数量≥200 头）的肉牛数量约占总数的 30%。

7.4.1.2　数据获取

本章数据主要于 2014 年通过实地调研、知情人访谈和畜牧局提供的统计资料获得。其中，访谈先后包括半结构式访谈与焦点小组访谈。

半结构式访谈的对象主要是典型肉牛养殖场的负责人。项目组用了 3 个星期的时间，对包鸾镇飞仙洞村庭院牧场、重庆市绿木农业开发合作社和重庆恒都农业集团有限公司 3 种不同养殖规模的典型肉牛养殖厂进行了实地调查，并对全县随机抽样了 69 家肉牛养殖农户进行了粪尿处理措施与施肥方式的问卷调查。目的在于掌握丰都县包括自然地理条件、肉牛养殖规模、养殖方式、粪便处理方式、农田施肥构成等相关信息。

焦点小组访谈则在掌握这些信息的基础上，将当地畜牧局、环保局的官员，养殖厂、生物公司、发电厂技术员，以及农户代表等与肉牛养殖政策制定、污染物处理或资源化利用关系密切的人员作为访谈对象，拟获取以下信息：（1）目前肉牛粪尿资源化处理方式的进展及其产品外销情况；（2）政府对肉牛养殖的相关政策及规划意向。

7.4.2　调查与分析

根据丰都 2013 年的肉牛养殖存栏数量及耕地面积，30 个乡镇的肉牛养殖密度并不均衡。其中，包鸾镇、高家镇、名山街道、南天湖镇、三坝乡、双路镇、太平坝乡、武平镇和暨龙镇的肉牛养殖密度，大幅超过全县平均水平。通过与当地畜牧部门的协商，项目组选择了包鸾镇飞仙洞村庭院牧场、重庆市绿木农业开发合作社和重庆恒都农业集团有限公司 3 种不同养殖规模的典型肉牛养殖厂，开展了实地调研。

7.4.2.1　包鸾镇飞仙洞村庭院牧场

包鸾镇飞仙洞村位于包鸾镇南部，发展庭院牧场成绩显著，是丰都县肉牛庭院牧场养殖示范第一村。丰都县畜牧局提供的资料显示：2012 年，该村存栏肉牛 1 568 头，能繁母牛 546 头；改良人工草地 2 100 亩（新增人工种草 169 亩），黄改配种率达 100%，良种化率达 100%，新建规范牛舍 1 542 m^2、人畜饮水池 308 m^2、青贮池 325 m^2、粪污发酵棚 404 m^2；基本实现"庭院化、规范化、良种化、无污染、生态型"的庭院牧场养殖新格局，其中 20 头以上的庭院牧场 15 户、10～19 头 17 户、5～9 头 46 户。

图 7-3（a）～图 7-3（j）是 2014 年 7 月项目组在包鸾镇飞仙洞村庭院牧场调研时拍摄的实景。

（a）产业扶贫示范区

（b）丰都县德文养殖场

（c）牧草

（d）在建中的沼气处理装置

（e）庭院牧场育肥牛圈

（f）饲料用酒糟

（g）化粪池　　　　　　　　　　（h）牧草地

（i）湿牛粪　　　　　　　　　　（j）牛粪养蚯蚓

图 7-3　包鸾镇飞仙洞村庭院牧场

通过对包鸾镇畜牧站工作人员的访谈和现场调研，项目组了解到该镇肉牛养殖的一些具体情况。该镇家庭牧场通过在牛圈设置隔板，进行牛粪尿的干湿分离。牛粪每天收集起来另置于发酵棚自然堆肥发酵，晾干后，每年 11 月至次年 1 月直接还田。另外，当地还采用牛粪养蚯蚓的方法消纳牛粪。据介绍，养 1 亩地蚯蚓，每年可以消纳 32 头牛产生的牛粪。蚯蚓每 3 个月可以出一批，一亩地一批可以出产 500 多斤蚯蚓，每斤蚯蚓 30 元，年收入可达 6 万元左右。关于牛粪中存在寄生虫污染的问题，他们主要通过养殖一种蜂（牛粪寄生虫的天敌）来解决，但设施非常简陋，缺乏规范，预防次生生物污染的能力较为薄弱。同时，在每年的 10 月至次年的 4 月，当地农户采用牛粪种植食用菌，每亩收益 2 万元。据当地畜牧站人员介绍，1 亩双孢菇每年需施有机肥 6 t，即可消纳湿牛粪 20 t，即 3 头牛 1 年产生的牛粪尿。

7.4.2.2　重庆市绿木农业开发有限公司肉牛养殖场

重庆市绿木农业开发有限公司肉牛养殖场位于丰都县高家镇金家坪村，丰石公路高太段 8 km 处的牧云山庄的西边，海拔 1 500 m，厂址南邻进场公路，西面靠山，东临陡坡（坡度 65°），下距玉溪河 2 000 m，北环林地。该公司以肉牛养殖专业合作社的形式与农户签订合同进行规模养殖。

图 7-4（a）～图 7-4（d）为 2014 年 7 月在重庆市绿木农业开发有限公司绿木肉牛育肥场调研时拍摄到的实景。

（a）公告牌

（c）育肥牛

（b）饲料青贮池

（d）在建中的沼气处理装置

图 7-4   重庆市绿木农业开发有限公司绿木肉牛育肥场

根据该公司《肉牛育肥场建设项目环境影响报告书》，牛舍占地规模 6 000 m^2，饲料青贮（氨化）池占地 800 m^2，人工种植草场 750 亩；日均用水量 43.8 m^3，排水量 26.9 m^3（主要为牛尿、牛舍冲洗废水和职工生活污水等①）；用电负荷 60 kW，年用电量 $3×10^4$ kW·h；每个养殖区每头牛年消耗青贮饲料 2.1 t、精饲料 0.4 t、水 22 m^3、电 10 kW·h。

合作社负责人员介绍，绿木肉牛育肥场承揽 1 000 头的规模养殖，目前存栏饲养 500～

---

① 污水水质指标为 COD 2 000 mg/L、BOD_5 588.25 mg/L、SS 619.97 mg/L、NH_4^+-N 164.87 mg/L、粪大肠菌群数 $0.52×10^6$ 个/L，废水经沼气法处理达标后全部用于农田、牧草施肥。

600 头肉牛，每年从各地购买架子牛，2012 年出栏数为 2 000 头左右。共有工作人员 20
名，每人每月支付工资约 2 000 元。合作社所在的金家坪村共约 1 000 户农户，其中约有
700 户与合作社签订了合同。母牛由农民饲养，采用冻配技术配种，母牛产下的小牛归属
于农户，也可以将公牛犊卖给合作社，再由合作社集中饲养和销售。同时，合作社免费
给农民提供玉米种子及牧草种子，由农民种植后，合作社进行收购。肉牛的饲料通过青
贮池制作，一般在冬天使用，可提供合作社内养殖场肉牛 4 个月的饲料。对于牛粪的处
理，合作社一般是将一部分让农民还田，其余的利用生物堆肥技术制成有机肥出售或用
于农田、牧草、绿地施肥。对于牛尿，目前绿木肉牛育肥场正在建设沼气池进行处理，
沼液和沼渣拟用于周围农田、牧草、绿地施肥。

7.4.2.3　重庆恒都农业集团有限公司

　　重庆恒都农业集团有限公司位于重庆市丰都县高家镇食品工业园区，占地 13.3 万 m^2，
自建 14 个建设工程，包括 10 个优质肉牛繁殖场、2 个万头肉牛养殖区、1 个饲料配送中
心和 1 家肉牛屠宰精深加工厂。恒都养殖小区设计能力为每年存栏 2.5 万头，目前的养殖
规模为 2 300 头。

　　图 7-5（a）～图 7-5（d）为 2014 年 7 月在重庆恒都农业集团有限公司养殖场调研时
拍摄到的实景。

（a）恒都公司养殖的肉牛

（b）恒都养殖小区

（c）污水处理池

（d）牛粪无害化处理场

图 7-5　重庆恒都农业集团有限公司养殖场

　　根据调研，恒都采用"酒糟+牧草/秸秆"的模式调配饲料。现已开发种植 4 000 余亩优质牧草作为配方饲料使用。一种是皇竹草，每年收割 4～5 次，每年每亩产量为 10 t；另一种是甜高粱，每年收割 2 次，分别在 7 月和 10 月进行收割，每年每亩产量 6 t，以供给养殖场所需。恒都饲养肉牛所用的酒糟来自四川五粮液集团及泸州老窖酒业，并与他们签订了长期供应的采购合同。有时，还会将周边地区如忠县柑橘深加工的下脚料添入饲料中，以补充肉牛育肥所需各类营养和微量元素。

　　恒都对于牛粪尿的处理利用，目前大致如下。（1）干湿分离处理后，含水率 13% 的牛粪委托重庆沃特威生物有机肥开发有限责任公司（2013 年引入该公司）进行资源化处理，添加锯末、菌种，在 70℃ 的温度下发酵制成有机肥，20～30 d 后出肥，销往附近的石柱县、长寿区、涪陵区及湖北等地。（2）牛粪留在本地种植蘑菇。（3）牛粪作为生物质燃料。牛粪热值为 1 800 cal/kg，比原煤要低一些，但每吨牛粪（含水率 50% 以下）的价格比吨煤低不少，因此具有一定的市场需求空间。目前，恒都已将少量牛粪卖给了丰都工业园区进行生物质发电。（4）恒都正在增添改造雨污分流系统，并建造了 300 t/d 运行能力的 ABR 污水处理厂，用于处理牛尿和雨污水，达标后直接排放。

7.4.2.4　调研分析

（1）肉牛养殖方式

　　丰都县肉牛养殖采用人工授精冻配技术，主要饲养本地黄牛与西门塔尔、安格斯牛的杂交品种。母牛的规模养殖饲料成本较高，一般由农户养殖。母牛每产 1 头小牛犊，政府补贴农户 150～250 元。对典型肉牛养殖厂的实地调查表明，庭院牧场的养殖规模一般为 20～50 头肉牛。其中，母牛多为户外散养，育肥公牛一般圈养至出栏。专业合作社主要养殖育肥公牛，并与农户签约购买母牛所产小公牛犊。大型规模化养殖企业偏向养殖育肥公牛，几乎不养殖母牛。

　　当地政府计划在"十三五"期间实施肉牛"三百工程"，即肉牛企业达到 100 家；肉牛饲养、交易、屠宰加工总量达到 100 万头，其中饲养的最终规模达到 60 万头，规模化养殖与农户分散养殖各占一半；肉牛企业销售值达到 100 亿元。

（2）肉牛粪尿处理方式

　　对于牛粪尿的处理，当地主要采用 5 种办法：自制农家肥、规模化生产有机肥、作生物燃料、种植蘑菇和养蚯蚓。不同规模的养殖场采取的措施有所不同。

　　①散养农户（年存栏 10 头以下）一般将牛粪尿直接还田，自然消纳。

　　②家庭牧场（年存栏 10～50 头）和小型合作社（年存栏 51～199 头）于 2008 年后逐渐增多，大多通过在牛圈设置隔板，进行牛粪尿的干湿分离。牛粪每天收集起来置于发酵棚中自然堆肥发酵，每年冬天用于还田。部分牛尿汇入家用或新建专用的沼气池，灌溉周边农田。

③规模化合作社与肉牛企业（年存栏≥200 头）于 2010 年兴起，但最初牛粪处理主要靠堆放和自然发酵，污染处理设施落后。2012 年年末，为了缓解肉牛养殖快速发展对环境的压力，当地政府陆续引入沃特威生物开发、食用菌种植等公司，鼓励产、学、研结合，尝试将牛粪用于制有机肥外售、作燃料发电、作基料种植双孢蘑菇和养蚯蚓（蚯蚓粪外售）。我们发现，由于规模化养殖企业缺少农田，它们对牛粪资源化处理技术很感兴趣。同时，出于对原料收集成本的控制，沃特威等相关利益公司资源化处理的牛粪也全部取自规模化养殖场。在牛尿处理方面，丰都县 2 家万头养牛企业还建成了日处理能力 300 t 的 ABR 污水处理厂，拟解决牛尿和养殖场雨污水问题，但试运行成本高达 7 元/（m³·d），运行难以为继。

项目组还发现，当地对沼气池的利用率不高，并有施用化肥的习惯，于是对年存栏 10～50 头的家庭牧场进行了相关的问卷调查，采用随机抽样方法，有效样本量为 69 份。结果表明（表 7-1）：第一，干清粪措施与沼气池设备在丰都的家庭牧场中得到了较好的普及。1999 年后农民大多修建了沼气池，主要原因是得到了国家补贴，但目前的正常使用率不足 20%。沼气池缺乏及时的维护与维修也是造成这一现象的最主要原因。第二，所有被访者家庭都施用有机肥，但 99%的家庭同时也施用化肥。青壮年劳动力大多外出打工，缺乏劳动力，难以将有机肥搬上山还田，这也是当地农民选择化肥的主要原因。

表 7-1　农户对肉牛粪尿的处理措施和农田施肥习惯

问题	响应（比例/%）		备注
对肉牛粪尿的清理措施	干清粪（74.7）		
	水冲清粪（25.3）		
您家是否修了沼气池	是（95.1）		时间：1999 年前（5.0%）；1999 年后（95.0%）；原因：国家给补贴（86%）；可用燃气灶烧饭（14%）
	否（4.9）		
沼气池目前是否正常使用	是（19.7）		
	否（80.3）		原因：刚开始能用，但现在坏了，没人能修（98.4%）；刚建好还未启用（1.6%）
您家农田是否施有机肥	是（100）		为什么不完全施用有机肥：缺乏劳动力把有机肥搬上山（95%）；大家都用化肥（5%）
	否（0）		
您家农田是否施化肥	是（99）		
	否（1）		

（3）不入田的鲜牛粪量

牛粪资源化措施在当地尚处于试点试验阶段。依据相关利益公司 2013 年的进料清单、资源化产品（有机肥等）销售合同和年度报告，项目组筛选、计算出了当年不入田的牛粪量：①因制有机肥外售而未入田的鲜牛粪量为 15.8 万 t（7.7 t 鲜牛粪制 2 t 有机肥）。

②因替代煤燃烧发电而未入田的鲜牛粪量为 2.5 万 t。③因培植蘑菇未入田的鲜牛粪量为 2.3 万 t。④因养蚯蚓未入田的鲜牛粪量为 1.2 万 t。总体而言，2013 年，丰都共有 21.8 万 t 牛粪的去向与当地的农田无直接关系，约占当年牛粪产生总量的 13%。

7.4.3 肉牛环境承载力评估

肉牛养殖的环境承载力，是指在某一时期某种环境状态下，在维持区域环境系统结构不发生质的改变、区域环境功能不朝恶性方向转变的条件下，该区域的环境系统对肉牛养殖这一经济活动的支持能力。影响肉牛养殖环境承载力的因素主要有流域区域水资源量、畜禽养殖发展水平、区域耕地或土地量、科学技术水平、政策法规规划等。本书主要探讨基于耕地承载力的肉牛养殖的适度规模。

7.4.3.1 畜禽基本数据

畜禽种类、年末存栏数与出栏数均由丰都县畜牧局提供。根据实地调查及各类畜禽的平均饲养周期（王方浩 等，2006；张克强，2004；李建国，2002），确定丰都县 2013 年各畜禽的饲养量，见表 7-2。饲养周期小于 1 年的畜禽，其饲养量为当年的出栏数。饲养周期大于或等于 1 年的畜禽，其饲养量为当年的存栏数（王方浩 等，2006；彭里，2009）。

表 7-2 2013 年丰都县主要畜禽饲养量及饲养期

畜禽种类	年末存栏/（头/只/羽）	年末出栏/（头/只/羽）	饲养周期	饲养量/（头/只/羽）
生猪	411 512	486 793	199 天	486 793
肉牛	219 528	110 495	>1 年	219 528
奶牛	29	—	>1 年	29
羊	98 768	104 132	>1 年	98 768
蛋鸡	811 608	867 196	>1 年	811 608
肉鸡	506 772	957 096	55 天	957 096
兼用型鸡	2 891 432	3 263 485	180 天	3 263 485
鸭	590 514	888 582	210 天	888 582
鹅	45 201	75 827	210 天	75 827
兔	96 226	69 896	90 天	69 896

注：兼用型鸡按照肉鸡的排泄系数处理；"—"表示无数据。

7.4.3.2 计算参数

畜禽粪便的日排泄量与品种、生理状态、体重、饲料构成和饲喂方式等有关（王新谋，1999）。本书参照王方浩（2006）整理的平均值作为各畜禽新鲜粪便的排泄系数以及养分含量，相关数据见表 7-3。

表 7-3　畜禽粪便排泄系数及其中的养分含量

畜禽种类	粪便排泄系数	总氮含量/%	总磷含量/%	美国农业工程学会数据[*]
生猪	1.93 t/a	0.238	0.074	1.86 t/a
肉牛	7.70 t/a	0.351	0.082	7.60 t/a
奶牛	19.40 t/a	0.351	0.082	20.10 t/a
羊	0.87 t/a	1.014	0.216	0.68 t/a
蛋鸡	53.30 kg/a	1.032	0.413	42.10 kg/a
肉鸡、兼用型鸡	36.50 kg/a	1.032	0.413	29.20 kg/a
鸭、鹅	39.00 kg/a	0.625	0.290	32.30 kg/a
兔	41.40 kg/a	0.874	0.297	——

注：兼用型鸡按照肉鸡的排泄系数处理；"——"表示无数据。

*：EP270-5，ASAE Standards：Standards，engineering practices and data adopted by the American society of agricultural engineers. 44th edition. St. Joseph，MI，U.S.[S].

7.4.3.3　畜禽养殖负荷现状

与国内外其他地区一样，丰都畜禽粪便处理的主要出路是作有机肥还田。耕地畜禽粪便负荷这一指标可以直接反映该地区耕地消纳畜禽粪便的能力，而耕地的氮、磷养分负荷则反映了畜禽粪便对于耕地土壤的污染风险（马林，2006）。按照式（7-1）～式（7-3），分别计算畜禽养殖的粪便负荷、N 负荷、P 负荷现状。

$$L_d = Q/S = \left(\sum_{i=1}^{10} F_i T_i P_i \right)/S \qquad \text{式（7-1）}$$

$$L_{n-N} = A_N/S = \left(\sum_{i=1}^{10} F_i T_i P_i c_{i-N} \right)/S \qquad \text{式（7-2）}$$

$$L_{n-P} = A_P/S = \left(\sum_{i=1}^{10} F_i T_i P_i c_{i-P} \right)/S \qquad \text{式（7-3）}$$

式中：L_d、L_{n-N}、L_{n-P} 分别为耕地畜禽粪便负荷、N 负荷、P 负荷；Q 为年度畜禽粪便产生总量；A_N、A_P 分别为畜禽粪便中的 N 养分量、P 养分量；S 为耕地面积；F_i、T_i、P_i 分别为第 i 种畜禽的饲养量、饲养周期、排泄系数；c_{i-N}、c_{i-P} 分别为单位质量第 i 种畜禽粪便的 N 养分含量、P 养分含量。

结果表明，2013 年丰都畜禽粪便的产生总量为 242 万 t、TN 量为 9 277 t、TP 量为 2 460 t。各类畜禽粪便产生量、TN 量、TP 量的百分比如图 7-6～图 7-8 所示。耕地综合畜禽粪便负荷量为 28.87 t/hm²，TN 负荷量为 110.68 kg/hm²，TP 负荷量为 29.35 kg/hm²。若剔除掉 21.8 万 t 不入田的牛粪，丰都的耕地综合畜禽粪便负荷量为 26.26 t/hm²，TN 负荷量为 101.53 kg/hm²，TP 负荷量为 27.21 kg/hm²。

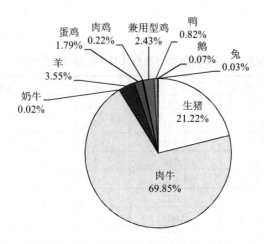

图 7-6　畜禽粪便产生量占比

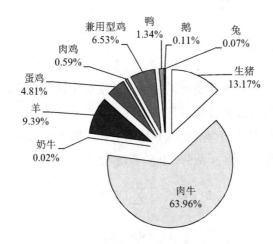

图 7-7　畜禽粪便 TN 量占比

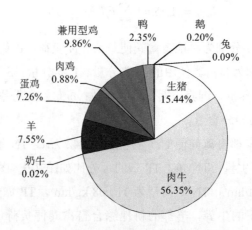

图 7-8　畜禽粪便 TP 量占比

7.4.3.4　环境风险警戒标准

《畜禽养殖业污染物排放标准》（GB 18596—2001）规定，用于还田的畜禽粪便，不能超过当地的最大农田负荷量，避免造成面源污染和地下水污染。

原国家环境保护总局组织的"全国规模化畜禽养殖业污染情况调查及防治对策"研究认为，从环境风险的角度考虑，耕地的综合畜禽粪便负荷应控制在 30 t/hm² 以下。李国学认为，尽管根据不同畜禽品种和不同区域特点会有所变化，但每亩土地能够负担的各类畜禽粪便总量为 30～45 t/hm²（国家环境保护总局自然生态保护司，2002；李国学，1999）。彭里（2009）认为，在不施化肥的前提下，重庆市畜禽粪便的理论适宜负荷为每年猪粪当量 44.37 t/hm²（也适用于丰都）（丰都县农业局，2008）。按照表 7-3 数据和文献（彭里，2009），算出 2013 年丰都畜禽粪便负荷的猪粪当量为 33.65 t/hm²。对于同一区域，以综合量计的畜禽粪便的理论适宜负荷量=以猪粪当量计的畜禽粪便的理论适宜负荷量÷畜禽粪便的猪粪当量×畜禽粪便的综合量。因此，丰都以综合量计的畜禽粪便适宜负荷为 44.37÷33.65×28.87=38.06 t/hm²。本书将丰都耕地畜禽粪便负荷上限取值为 38 t/hm²。

由于土壤质地和气候条件不同，国内外耕地年施 N 量的范围为 150～500 kg/hm²，P_2O_5 施用量的范围为 70～350 kg/hm²（Oenema O et al.，2004）。欧盟农田施用粪便的 N 限量标准为 170 kg/hm²（王方浩，2006），P 限量标准为 35 kg/hm²（Oenema O et al.，2004）。徐谦等（2002）提出北京农耕地施肥量控制，每年为纯 N 337.5 kg/hm²，P_2O_5 157.5 kg/hm²。另有学者指出，我国长江沿岸地区小麦施 N、P 适宜量分别为 150 kg/hm²、45 kg/hm²，水稻每亩施 N、P 适宜量分别为 232.5 kg/hm²、37.5 kg/hm²（杨自立 等，2008）。朱兆良（2000）认为，大面积化肥年施 N 量应该控制在 150～180 kg/hm²。考虑到三峡库区水环境的敏感性，本书将丰都耕地畜禽粪便 N、P 负荷上限分别取值为欧盟限量 170 kgN/hm²、35 kgP/hm²。

可以看出，丰都的"耕地畜禽粪便负荷、N 负荷、P 负荷"均小于最大限值。如果不施化肥，从全县平均水平上，当地的畜禽养殖尚未产生明显的环境风险，并有剩余的养殖环境容量。

7.4.3.5　肉牛环境承载力情景分析

图 7-9、图 7-10 显示，近 5 年丰都县的各类畜禽饲养量基本在同步发展。因而可初步判断出，剩余的养殖环境容量需要支持肉牛和其他畜禽的共同发展。

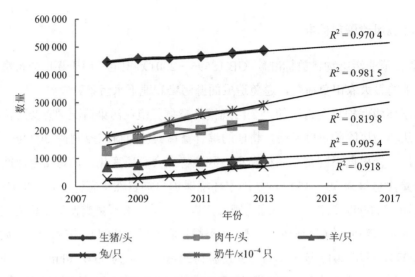

图 7-9　畜类饲养量现状与趋势

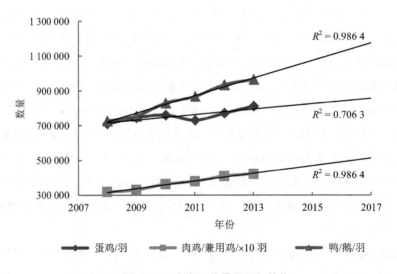

图 7-10　禽类饲养量现状与趋势

　　在环境容量的约束下，年最大饲养量是分析某畜禽养殖环境承载力的基础。为了便于计算，我们提出 3 点假设：（1）丰都县的耕地不施化肥，并保持目前的耕地面积、产出水平和复种指数；（2）各畜禽饲养量在 2013 年的基础上同比增长；（3）忽略人粪尿的影响，不计各类畜禽粪尿处理过程 N/P 元素的挥发损失，所有畜禽养殖产生的污染无害化处理后就地还田。在耕地畜禽粪便负荷、N 负荷、P 负荷的约束下，第 i 种畜禽的最大饲养量可分别按照式（7-4）～式（7-6）计算。

$$F_{\max i-d} = (L_{dt}S/Q)F_i \qquad\qquad 式（7-4）$$

$$F_{\max i-N} = (L_{nt-N}S/A_N)F_i \qquad\qquad 式（7-5）$$

$$F_{\max i-P} = (L_{nt-P}S/A_P)F_i \qquad\qquad 式（7-6）$$

式中：$F_{\max i-d}$、$F_{\max i-N}$、$F_{\max i-P}$ 分别为耕地畜禽粪便负荷、N 负荷、P 负荷约束下第 i 种畜禽的最大饲养量；L_{dt}、L_{nt-N}、L_{nt-P} 分别为耕地畜禽粪便负荷上限、N 负荷上限、P 负荷上限；S、Q、A_N、A_P、F_i 含义同式（7-1）～式（7-3），为 2013 年数据。

结果表明，在"耕地畜禽粪便负荷、N 负荷、P 负荷"这 3 个指标的约束下，丰都县肉牛的年最大饲养量分别为 28.9 万头、33.7 万头、26.2 万头。考虑到政府对未来肉牛发展能够实现规模化养殖与农户分散养殖数量对半的期待，以及不入田的牛粪量仅与肉牛规模化饲养量有关的现实，我们设置了 4 种情景（表 7-4）。

表 7-4　情景设置

	情景 1	情景 2	情景 3	情景 4
养殖方式	规模化饲养量与分散饲养量无比例要求	规模化饲养量：分散饲养量=3：7（保持 2013 年水平）	规模化饲养量：分散饲养量=3：7（保持 2013 年水平）	规模化饲养量：分散饲养量=5：5（政府期待的水平）
粪尿处理方式	全部还田自然消纳	13%的牛粪不入田（保持 2013 年水平）	30%的牛粪不入田（相应的理想水平）	50%的牛粪不入田（相应的理想水平）

注：在情景 3、情景 4 中，粪尿处理方式设置的相应理想水平，均指规模化肉牛饲养产生的污染完全被资源化并外销。

表 7-5 探讨了在不同情景中，"耕地畜禽粪便负荷、N 负荷、P 负荷"约束下肉牛养殖的环境承载力，取各自的约束最紧值作为肉牛养殖的阈值。可以看出，耕地 P 负荷是一个约束最紧的制约因素。随着不入田的牛粪量增加，肉牛养殖的阈值数量也相应增加。当不入田的牛粪量分别为 0（情景 1）、13%（情景 2）、30%（情景 3）、50%（情景 4）时，肉牛养殖的阈值数量相应分别为 26.2 万头、30.1 万头、37.4 万头、52.4 万头。

表 7-5　不同情景下丰都的肉牛养殖阈值

约束指标	警戒标准	环境承载力/万头			
		情景 1	情景 2	情景 3	情景 4
L_{dt}	38 t/hm²	28.9	33.2	41.3	57.8
L_{nt-N}	170 kg/hm²	33.7	38.8	48.2	67.4
L_{nt-P}	35 kg P/hm²	26.2	30.1	37.4	52.4
肉牛养殖阈值/万头		26.2	30.1	37.4	52.4
牛粪入田量		全部入田	87%入田	70%入田	50%入田
阈值下的规模养殖数量/万头		0	9.0	11.2	26.2

7.4.4　讨论

养殖业迅速的规模化扩张给我国农村带来了潜在的环境风险，环境约束已成为制约养殖业良性发展的主要"瓶颈"。本书在三峡库区丰都县的研究结果表明，耕地 P 负荷对肉牛养殖环境承载力的约束大于 N，潜在地说明了畜禽粪尿的排放对土壤 P 环境的影响大于 N，这与国内外其他地区研究得出的畜禽粪尿排放对水体 TP 环境的影响大于 TN 的结论（张维理　等，2004；Gerber P et al.，2005）具有同向性。例如，李荣刚等（2000）的研究结果表明，苏南太湖地区畜禽粪尿排放的 TP 污染物占到了水体总量的 86.4%，而 TN 约为 12%。杜军等（2004）发现，1997—2001 年，畜禽养殖产生的 TP、TN 对三峡库区重庆段水体的年平均污染负荷贡献分别达到 83.9%、72.4%。据中国农科院土肥所推算，即使仅有 10% 的畜禽粪便进入水体，它对水体富营养化中 N、P 的贡献率可分别达到 10%、10%~20%（张维理　等，2004）。由于 P 浓度过高是发生水体富营养化的主要原因（Slomp C P，2011），而三峡库区又是我国水土流失最严重的地区之一（冯琳，2013），因此，为了保护三峡流域敏感的水环境，需适当降低该流域的畜禽养殖密度，并优化调整养殖业空间布局。由追求"吨位"向"品位"转变，用少量高附加值品种的养殖，替代大量普通品种的养殖，兼顾环境安全与经济效益目标。

在环境承载力的约束下，不同情景下丰都肉牛养殖的阈值与政府预想的发展规模（60 万头）均存在偏差。这种偏差在我国的养殖大县具有普遍性，主要原因在于：在地方政府制定养殖规划时，往往侧重从饲料供给能力和经济发展需要考虑，却忽略了环境约束（彭里，2009；胡雪飙，2006）。为了缓解规划不当所引起的后续问题，引入环境服务治理提供商，将畜禽粪便制成有机肥料外运，或者作饲料、作燃料……继而成为弥补规划偏差、提高畜禽环境承载能力的流行措施。本书表明，对养殖污染加以综合利用的确能缓解畜禽养殖的环境压力，但运行初期受各种条件所限，只削减了 13% 左右的牛粪入田量。因此，我们建议首先要加强环保部门与农业部门之间的合作伙伴关系，将环境约束论证纳入养殖业发展规划，增强规划的前瞻性。其次可通过开展养殖业的合同环境服务（黄滔，2013）创新模式，调动环境服务商对完善治理技术，拓宽资源化产品销路的积极性，促进敏感流域养殖污染防治的可持续性。

本书的研究前提是不考虑化肥的施用，但实际上，丰都化肥与农家肥的施用比例约为 6∶4（丰都县统计局，2015）。很显然，这种施肥结构将会大大降低当地包括肉牛在内的畜禽养殖的环境承载力，这在亚热带流域氮、磷排放与养殖业环境承载力的实例研究结果中得到了有力的论证（孟岑，2013）。同时说明，研究区若想提高畜禽养殖的环境承载力，除了需要提高畜禽粪尿处理技术、减少入田养分，还必须将施化肥的空间腾让给有机肥。但是，近 20 年来我国农村过度施用化肥的现象十分普遍（Yang X Y et al.，2012），因此迫切地需要政府在政策上给予适当的导向与支持。例如，消除长期以来的化肥价格扭曲，把重心转移到向农民提供更好的植物养分管理建议，支持研究和开发能够精确定位肥料施用量的小规模设备，以及鼓励、帮助农民选施用有机肥的补贴或者农作物保险项目上来（Sheriff，G，2005）。

7.5　本章小结

肉牛养殖业的规模化扩张给我国农村带来了潜在的环境风险，环境约束已成为制约肉牛产业良性发展的主要"瓶颈"。肉牛养殖污染物的处理处置，遵循"减量化、无害化和资源化"的原则。对于大中型肉牛养殖场的污染物防治，达标排放路线成本较高，对三峡库区的适用性较低。建议优先选择综合利用路线，运用循环经济的原理消纳肉牛养殖的污染物，通过农牧结合、制有机肥外售等方式实现污染物资源化。以三峡库区养牛大县——丰都县为例，通过调查访谈，分析了肉牛养殖与粪尿处理方式的特点，并以此为依据设置了 4 种情景，分别探讨耕地畜禽粪便负荷、N 负荷、P 负荷约束下肉牛养殖的环境承载力，发现耕地 P 负荷是约束最紧的指标。肉牛养殖的环境承载力随着规模化饲养污染资源化能力和资源化产品外销能力的提高而增加。当不入田的牛粪量分别为 0、13%、30%、50%时，肉牛养殖的阈值数量相应分别为 26.2 万头、30.1 万头、37.4 万头、52.4 万头。建议加强环保部门与农业部门之间的合作伙伴关系，将环境约束论证纳入养殖业发展规划；由追求"吨位"向"品位"转变，以养殖少量高附加值品种替代大量普通品种；开展养殖业的合同环境服务创新模式，并将施化肥的空间更多地腾让给有机肥，促进敏感流域养殖污染防治的可持续性。

第 8 章
生态屏障区农业面源污染参与式农户评估

　　流域内不同利益群体的积极参与是进行有效的流域污染控制的前提。提高环境管理的社区参与性，可以有效地降低政策实施过程中的阻碍。农民是流域面源污染的主要产生者，也是水环境恶化的直接受害者（杨晓英 等，2012）。他们数量庞大，与自然资源和土地利用的变化情况直接相关。更重要的是，由于长期生活在当地，其生计策略及行为与生态环境之间往往存在着相互作用与反馈机制。对于政策制定者而言，洞察这种作用和反馈机制的内涵及其背后复杂的自然和社会经济背景，将为其正确决策提供必要而且全新的思路和方法。为此，我们运用了自下而上的管理模式，对研究区进行了实地调研、深度访谈和问卷调查，力图从农户的微观视角收集第一手资料，并作为观点依据，寻找面源污染控制的政策启示。

8.1　数据获取方法

　　研究数据通过 PRA（Participatory Rural-Appraisal）方法获取，调查分为两个阶段：首先是预调查和问卷的补充完善。即以访谈形式到相关单位了解生态屏障区的基本情况，并对屏障区的 50 位农民进行预调查，根据调查结果补充和完善问卷，提高问卷的针对性；其次是 2014 年 10 月的正式调查阶段。调查表分为 5 个部分：（1）被访者的基本信息，如年龄、受教育程度等。（2）对面源污染的认知程度。（3）被访者家中肥料和农药的施用情况。（4）畜禽养殖状况。（5）生活垃圾和污水状况。调查范围包括重庆市开州箐林溪流域的 7 个村庄（龙王村、刘家坪村、天宫村、渡佳村、仁和村、宝珠村、大丘村）；重庆市云阳县盘龙镇，生态屏障区以内的活龙村、柳桥村；重庆市涪陵区南沱镇，生态屏障区以内的龙驹村、睦和村；湖北省秭归县茅坪镇，生态屏障区以内的兰陵溪村、中坝子村。其中，云阳县、涪陵区、秭归县的调查点均为曾经开展过面源防治试点或示范的村。我们想把已做过面源防治试点的村与箐林溪流域没有做过试点的村庄，在农户的行为、态度与需求方面作一个对比，来考察已有的面源污染防控措施的效率，从而做出优化设计。各村选择较接近水系的自然村农户进行调查，调查对象最好是户主，如果户主长期外出，则调查家里较熟悉农业的人。因被访者文化程度普遍较低，调查统一采用访问员按问卷口头询问、填写的方式。2015 年 4 月，共回收有效问卷 494 份。

8.2　调查对象的社会经济特征

样本的人口统计学特征见表 8-1，从性别特征看，72.7%为男性，27.3%为女性。被调查者中，27.3%是移民，72.7%不是移民。年龄范围在 18 岁以上，其中 46～65 岁年龄段的数量占 60%以上。调查对象的年龄分布不均，反映了研究区域一个普遍的社会现象：年轻人，特别是未婚的年轻人，大多到附近城市务工，而年龄较大者则留在村内务农。从教育水平来看，90.7%的被调查者为小学或初中文化水平，这与当地教育水平相对落后和被调查者年龄偏大有关。在被调查者中，76.9%为户主，96.2%为本村户口，77.3%在家干过农活，10.9%是当地合作社成员。

表 8-1　样本的人口统计学特征

项目		秭归	涪陵	云阳	开州	总计（占比/%）
样本数		63	59	60	312	494（100）
性别	男	48	30	31	250	359（72.7）
	女	15	29	29	62	135（27.3）
年龄/岁	18～35	12	2	2	17	33（6.7）
	36～45	5	10	10	66	91（18.4）
	46～55	25	18	18	114	175（35.4）
	56～65	14	16	20	81	131（26.5）
	≥66	7	13	10	34	64（13.0）
受教育程度	小学及以下	27	30	28	133	218（44.1）
	初中	28	24	27	151	230（46.6）
	高中及以上	8	5	5	28	46（9.3）
是否户主	是	56	43	38	243	380（76.9）
	否	7	16	22	69	114（23.1）
是否本村户口	是	300	60	56	59	475（96.2）
	否	12	0	3	4	19（3.8）
是否三峡移民	是	14	45	49	27	135（27.3）
	否	49	14	11	285	359（72.7）
平时是否在家干农活	一直不干	9	4	2	97	112（22.7）
	只在农忙时干	12	8	16	100	136（27.5）
	一直都干	42	47	42	115	246（49.8）
是否为合作社成员	是	0	11	31	12	54（10.9）
	否	63	48	29	300	440（89.1）

　　调查表明（表 8-2），农户的家庭平均人口数为 4.25 人。由于年轻人大多外出打工，参与农业生产的实际劳动力（18～45 岁）数量减少，家里只留下劳动能力较弱的人员。土地利用有耕地、果园和林地 3 种方式。开州农户的平均耕地面积明显高于其他 3 个区（县）。耕地主要种植玉米、榨菜、马铃薯和蔬菜。但因土壤瘠薄，作物产出低，仅可满足家庭消费，没有余售。果园主要为柑橘园和茶园。林地主要为生态经济兼用林。从均值上看，开州流转出去的耕地高于其他 3 个区（县）；而云阳则是流转进来的耕地高于其他 3 个区（县）。农户生产的粮食，由家庭自己消费掉的比例秭归为 0、涪陵为 15.69%、开州为 76.27%、云阳为 99.17%。研究区大多数农户家庭的收入结构中，外出务工收入约占 75%，农业补贴/退耕还林补偿带来的收入约占家庭收入比例的 2%。4 个区（县）最近一年家庭总收入平均值约为 24 643.59 元，涪陵最高，开州次之，云阳第三，秭归最低。4 个区（县）近三年家庭平均农业年收入为 5 608.07 元，开州最高。外出务工的家庭年收入，涪陵最高，开州次之，云阳第三，秭归最低。家庭年收入值差异性较大，有的不足 2 万元，有的超过 10 万元（未列在表 5-2 中），各地家庭人均纯收入也存在显著差异。

表 8-2　样本家庭社会经济特征

项目		秭归	涪陵	云阳	开州	总计
家庭人口数	Mean	3.75	5.05	4.82	4.09	4.25
	S.D.	1.47	1.44	1.36	1.37	1.45
务农劳动人数	Mean	1.59	1.86	1.65	1.74	1.73
	S.D.	0.80	0.97	0.92	0.92	0.91
打工上班人数	Mean	1.02	1.73	1.42	1.34	1.35
	S.D.	0.96	1.13	0.91	0.88	0.94
耕地	Mean	0.36	0.18	1.11	2.43	1.74
	S.D.	1.41	0.50	0.78	1.62	1.70
其中旱地	Mean	0.26	0.14	0.71	1.18	0.88
	S.D.	0.90	0.45	0.66	0.96	0.97
其中水田	Mean	0.10	0.01	0.32	1.17	0.79
	S.D.	0.64	0.06	0.34	1.00	0.98
林地	Mean	4.16	0.76	0.54	0.35	0.90
	S.D.	6.23	1.88	1.10	0.91	2.75
果地	Mean	2.07	1.46	0.45	0.26	0.65
	S.D.	1.95	1.34	0.56	1.08	1.38
流转出去	Mean	0.14	0	0.02	0.42	0.28
	S.D.	1.01	0	0.12	0.94	0.85
流转进来	Mean	0.02	0	1.12	0.04	0.04
	S.D.	0.12	0	0.64	0.38	0.38
每年粮食家庭自消比例	Mean	0	15.69	99.17	76.27	65.88
	S.D.	0	30.07	4.04	25.56	37.83

项目		秭归	涪陵	云阳	开州	总计
最近一年家庭总收入	Mean	17 235.71	28 703.22	22 091.67	26 029.34	24 643.59
	S.D.	20 187.92	16 409.50	14 919.41	17 000.93	17 440.70
近三年家庭平均农业年收入	Mean	4 388.89	3 476.27	5 270.83	6 324.53	5 608.07
	S.D.	4 525.56	3 714.06	5 537.46	12 811.92	10 601.07
年外出务工收入	Mean	12 925.4	24 529.49	15 183.33	19 573.02	18 782.45
	S.D.	19 030.55	15 509.37	10 333.82	16 297.3	16 262.82
其他非农收入	Mean	80.16	491.44	574.33	572.72	498.59
	S.D.	636.24	1 254.44	934.77	1 102.13	1 063.61

注：Mean 为数字平均数；S.D. 为标准偏差。

8.3　调查对象对面源污染的认知

在被问及是否关心三峡库区水质污染的问题时，83.8%的受访者表示关心，16.2%的受访者表示不关心。由图 8-1 可知，不同地区农民对库区水质污染的关心程度有显著差异（df=3，p=0.000，a=0.01）。涪陵的农民对水污染关注程度最高，为 98.3%。云阳次之，为 96.7%。而秭归、开州关注水污染问题的农民比例略低，分别为 88.9%、77.6%。

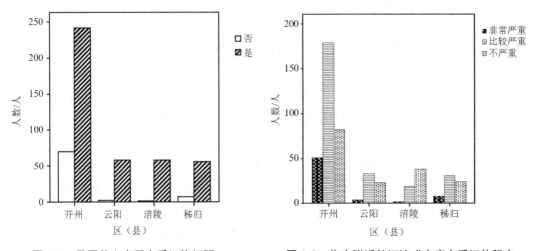

图 8-1　是否关心库区水质污染问题　　　　　图 8-2　您家附近的河流或水库水质污染程度

调查显示，受访者对周边水环境污染形势的主观评估结果并不乐观。13.2%的受访者评价周边水体的水质污染程度非常严重，53.0%的受访者评价为比较严重，33.8%的受访者认为不严重。图 8-2 表明，不同地区农民对周边水体的水质评价有显著差异（df=6，p=0.000，a=0.01）。其中，认为水质污染非常严重的受访者开州比例最高（16.3%），其次是秭归（12.7%）、云阳（6.7%）、涪陵（3.4%）。同时，认为水质污染比较严重的受访者比例也是开州最高，为 57.4%，其次是云阳（55.0%）、涪陵（32.2%）、秭归（49.2%）。

　　被访者中，6.7%的人认为目前附近河流或水库里的水已经完全丧失使用功能，42.5%的被访者认为可用于农业灌溉，40.8%的被访者认为可用于洗衣服，9.9%的被访者认为可淘米洗菜。图 8-3 表明，不同地域的被访者对周边水体功能的认知具有显著差异（df=9，p=0.000，a=0.01）。认为水已经完全丧失使用功能的受访者比例，开州为 9.0%、云阳为 6.7%、涪陵为 0、秭归为 1.6%。认为只可用于农业灌溉的受访者比例，开州为 48.4%、云阳为 28.3%、涪陵为 25.4%、秭归为 42.9%。认为可用于洗衣服的受访者比例，开州为 40.7%、云阳为 43.3%、涪陵为 47.5%、秭归为 33.3%。认为可淘米洗菜的受访者比例，开州为 1.9%、云阳为 21.7%、涪陵为 27.1%、秭归为 22.2%。

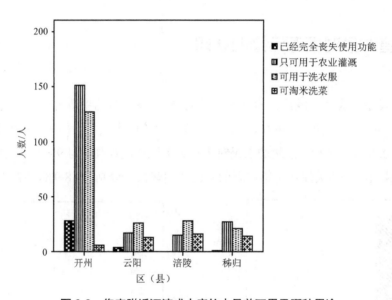

图 8-3　您家附近河流或水库的水目前可用于哪种用途

　　对于水污染问题，24.3%的被访者表示非常关注，57.1%的人表示比较关注，16.6%的人表示不太关注，2%的人表示不关注。图 8-4 表明，不同地域的被访者对水污染问题的关注度具有显著差异（df=9，p=0.000，a=0.01）。非常关注水污染问题的受访者比例，开州为 24.4%、云阳为 43.3%、涪陵为 20.3%、秭归为 9.5%。比较关注水污染问题的受访者比例，开州为 52.2%、云阳为 43.3%、涪陵为 74.6%、秭归为 77.8%。不太关注水污染的受访者比例，开州为 20.2%、云阳为 13.3%、涪陵为 5.1%、秭归为 12.7%。不关注的受访者比例，开州为 3.2%，其他 3 个区（县）均为 0。

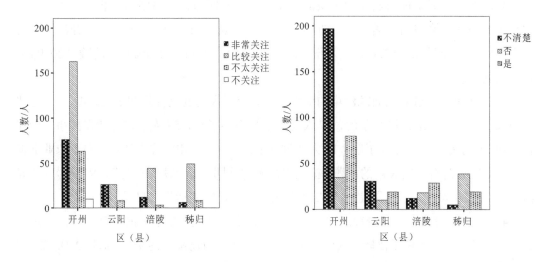

图 8-4　是否关注水污染问题　　　　图 8-5　认为工业是否是造成水污染的主要原因

对工业是否是造成水污染的主要原因，被访者中 29.8% 的人回答"是"，20.6% 的人回答"否"，49.6% 的人表示"不清楚"。图 8-5 表明，不同地区被访者的回答具有显著差异（df=6，p=0.000，a=0.01）。其中，认为工业是造成水污染主要原因的受访者比例，涪陵最高（49.2%），云阳（31.7%）和秭归（30.2%）较接近，开州最低（25.6%）。认为工业不是造成水污染主要原因的受访者比例，秭归最高（61.9%），涪陵次之（30.5%），云阳（16.7%）和开州（11.2%）较低。表示不清楚的受访者比例，开州为 63.2%、云阳为 51.6%、涪陵为 20.3%、秭归为 7.9%。

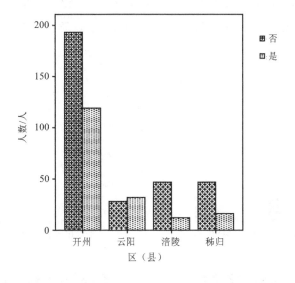

图 8-6　是否听说过面源污染

被访者中，听说过农业面源污染的有 179 人，没听过的有 315 人。图 8-6 表明，不同地区的被访者回答有显著差异（df=3，p=0.000，a=0.01）。听说过农业面源污染的受访者比例，云阳最高（53.3%），开州次之（38.1%），秭归（25.4%）与涪陵（20.3%）较为接近。

在 179 个听说过农业面源污染的受访者中，151 人通过电视新闻了解，41 人通过当地报纸了解，36 人通过网络了解，27 人通过手机新闻了解，57 人通过与朋友同事交流了解得到，8 人通过培训教育了解，12 人通过其他途径了解。494 位受访者，对于农业面源污染跟哪些行为有一定关系的问题，被选得最多的前四项是"使用农药"（391 人次）、"畜禽养殖"（280 人次）、"施用化肥"（263 人次）和"日常生活"（211 人次）。

494 位被访者中，曾亲身经历过一次或一次以上的环境污染事故的只有 23 人。其中，20 人位于开州，3 人位于涪陵。其中，天宫村 1 位（养殖场乱排污染）、宝珠村 18 位（16 例养殖场乱排污染，2 例饮用水水源污染）、刘家坪村 1 位（饮用水水源污染）、睦和村 1 位（养殖场乱排污染）、龙驹村 2 位（均为饮用水水源污染）。具体的环境污染事件类型，18 例有关养殖场乱排污染，5 例有关饮用水水源污染。

8.4　肥料和农药

研究区的农田施用化肥量远远高于专家所建议的的施用量。农民的施肥决策依据迥异，并不基于产量、利润或社会效益的系统优化。关于氮吸收效率的主观估计，农民给出的答案均值为 65%，远高于文献中 28%～41% 的水平。427 人回答了目前化肥价格的高低与否。其中，94 人觉得"不高"，275 人觉得"有点高"，58 人觉得"非常高"（图 8-7）。

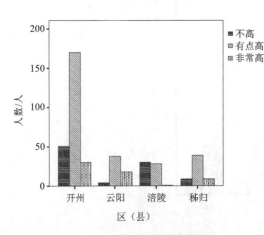

图 8-7　农民对化肥价格的感受

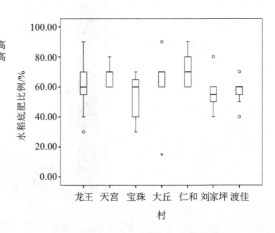

图 8-8　开州农民水稻底肥施肥比例

　　卡方分析结果表明，地域因素对被访者的判断具有显著影响（df=6，p=0.000，a=0.01）。觉得化肥价格非常高的受访者比例，开州为 11.9%、云阳为 30.0%、涪陵为 1.7%、秭归为 15.8%。觉得化肥价格有点高的受访者比例，开州为 67.7%、云阳为 63.3%、涪陵为 47.5%、秭归为 68.4%。仅对开州大德镇 7 个村的农民问询了底肥比例。7 个村的相关数据如图 8-8 所示。

　　494 位受访者中，70% 的人听说过"深度施肥"，无地域因素上的显著差异（df=3，p=0.027，a=0.01）。听说过"控释肥料"（31.2%）和"测土配方施肥"（28.7%）的农户，云阳、涪陵、秭归的比例明显高于开州，均有地域因素上的显著差异（df=3，p=0.000，a=0.01；df=3，p=0.008，a=0.01）。18.6% 的人听说过"紫云英、绿萍等绿肥"，无显著地域差异（df=3，p=0.017，a=0.01）。这些对控制农业面源污染有益的施肥措施，实际采用的农户数量均比听说过的低。相对施肥或施农药是否费力，受访者更关心肥料和农药的价格与效果。对过度施用化肥会有何不良影响的问题，被选得最多的前四项是"导致土壤结构失调"（323 人次）、"造成水体污染"（238 人次）、"降低农产品品质"（135 人次）、"对人体有害"（112 人次）。

　　共有 22.5% 的人参加过当地农技站的农业生产培训。其中，87% 为肥料或农药培训，13% 为花椒种植、茶叶采摘、柑橘栽培、梨林管护和养鱼技术方面的培训。地域因素对被访者是否参加过培训具有显著影响（df=3，p=0.000，a=0.01）。秭归有 77.8% 的人参加过培训，开州只有 12.5% 的人参加过（图 8-9）。

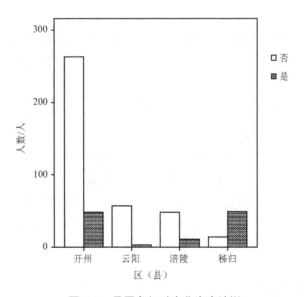

图 8-9　是否参加过农业生产培训

　　472 位受访者回答了以下问题：如果您明确知道某种化肥或农药环境污染少而且不影响产量，您会施用该种化肥或农药吗？结果显示（图 8-10），125 人表示一定会使用

（26.5%），115 人表示"如果价格合适会使用"（24.4%），120 人表示"如果效果好会使用"（25.4%），7 人表示"如果不费力会使用"（1.5%），105 人表示"一定不会使用"（22.2%）。相对施肥或施农药费不费力，受访者更关心肥料和农药的价格与效果。地域因素对被访者的选择具有显著影响（df=12，p=0.000，a=0.01）。涪陵的受访者表示"一定会使用"的比例最高（71.2%），开州的受访者表示"一定不会使用"的比例最高（35.5%）。

472 位受访者中，96.2%的人愿意接受农业专家提供的施肥或农药建议，其中，开州的愿意接受度为 93.8%，其他 3 个区（县）为 100%（图 8-11）。91.7%的人表示如有机会，愿意参加化肥或农药施用研讨会。但各区（县）的接受度有明显差异（df=3，p=0.000，a=0.01）。开州为 87.7%、云阳为 95.0%、涪陵和秭归均为 100%。

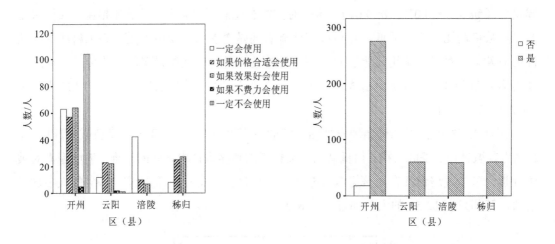

图 8-10　是否愿意使用低污染肥料或农药　　　图 8-11　是否愿意接受农业专家关于施肥或
　　　　　　　　　　　　　　　　　　　　　　　　　　　　用药的建议或指导

总体来看，开展过面源污染防治试点项目的地区，农民对面源污染的认知与防控实践能力相对好一点，说明以前的试点建设是有成效的。但与此同时，农民对于最佳管理措施知识的相对匮乏与已经专门用于此项研究的巨大投资依然形成了鲜明对比。从相关利益者的角度来看，教育、技术援助和费用分摊可能是促进农民采用最佳管理措施的有效政策工具。例如，包括精准施肥在内的农业技术推广服务能力建设、化肥知识传播和培训教育（如底肥的合适施用量）、减少化肥施用量和安全返还的农作物保险方案。

8.5　畜禽养殖状况

在 494 位受访户中，有 237 户养畜禽（图 8-12）。畜禽以猪、鸡、鸭为主，牛、羊、鹅很少。大多数为散养，每户养 1～5 头猪/5～20 只鸡/1～10 只鸭。少数为规模养殖，如涪陵有 1 个年出栏量为 500 头的养猪户、开州有 5 个年出栏量为 200～300 只的养鸡户。畜舍的分布，绝大多数选择建在了家附近（97.9%）（图 8-13），畜舍与自家住房的距离大多在 10 m 以内（91.1%），且并无显著地域差异（df=3，p=0.214，a=0.01）（图 8-14）。但对畜禽粪尿采取的处理措施具有显著地域差异（df=12，p=0.000，a=0.01）（图 8-15），开州采用无防渗措施的储粪池来处理畜禽粪尿的比例在 4 个区（县）中最高。

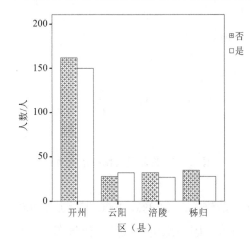

图 8-12　您家是否养殖畜禽

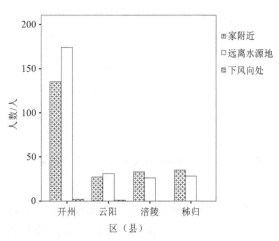

图 8-13　您家的畜舍选择建在何处

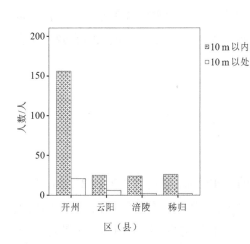

图 8-14　畜舍与自家住房的距离

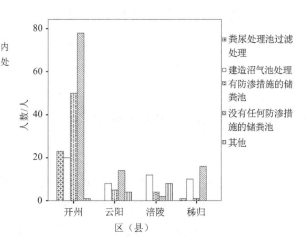

图 8-15　您家对畜禽粪尿采取何种处理措施

　　237 户饲养畜禽的农户，对畜禽粪尿采取的清理措施并没有显著地域差异（df=6，p=0.011，a=0.01）（图 8-16）。494 位受访农户中，已修沼气池的占 24.3%，未修的占 75.7%，具有显著地域差异（df=3，p=0.000，a=0.01）（图 8-17），云阳、涪陵、秭归修沼气池的受访者比例明显高于开州。

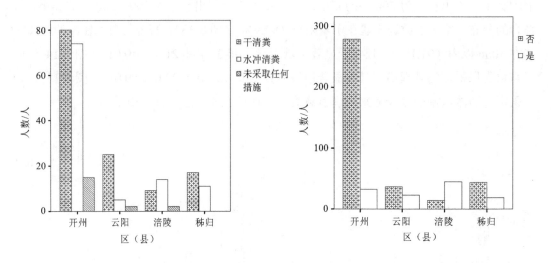

图 8-16　您家对畜禽粪尿采取何种清理措施　　　图 8-17　您家是否修有沼气池

我们继续调查了修有沼气池的家庭。于 2000 年前修的占 13.3%，2000 年后（含 2000 年）修的占 86.7%；因为国家给补贴而修建的占 86%，因为想用燃气灶（沼气燃料）烧饭的占 14%；目前，沼气池没有正常使用的占 20.8%。原因主要为损坏了没人修、无原料。这反映出城乡统筹背景下库区农村剩余劳动力外出务工已成常态，其实也是我国农村环境服务重建设、轻管理现象的一个缩影。建议当地政府增强公共服务的均等化，每年统筹安排旧沼气池的维护和修复计划项目，从而增强工程建设资金投入的有效性和农户使用沼气池的积极性。

8.6　生活垃圾和污水状况

在 494 位受访户中，生活饮用水使用自来水的占 40.5%、使用井水的占 24.9%、使用山泉水的占 7.3%、使用池塘水的占 7.1%。几乎所有受访者家里的饮用水水源和生活用水水源都相同。开州的受访者认为水质（主要是口感）中等或差的比例明显高于其他 3 个区（县）（图 8-18）。

494 户家庭的洗浴方式以淋浴为主，但开州近一半家庭习惯盆浴。每人每月大约洗浴次数具有显著地域差异。家庭一个月用水量与每人每月洗浴用水量具有显著相关性（p=0.000）（图 8-19）。

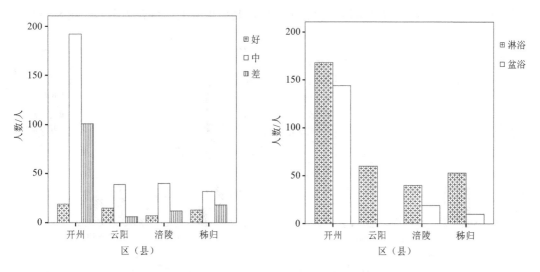

图 8-18　您家现在用的水水质如何　　　　图 8-19　您家的洗浴方式

70%的受访者家庭仍使用传统旱厕，如图 8-20 所示。超过 50%的开州、秭归农户将生活污水直接排入沟渠，如图 8-21 所示。

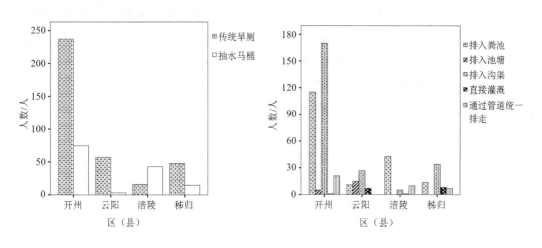

图 8-20　您家的厕所类型　　　　图 8-21　您家生活污水的排放方式

农民对用水的期望，主要包括以下 3 个方面：提高水质（58%）、提高方便程度（17%）、用上自来水（25%）。

受访家庭泔水（厨余垃圾）的去向，开州约有 20%用作饲料，其他大部分都被就近排入水体，云阳也是大部分排入水体（图 8-22）。

受访家庭生活垃圾中的塑料制品主要来自食品包装袋（约 75%）和化肥、农药包装袋（约 25%）。对塑料袋的处理，云阳的农户几乎全部焚烧；开州的农户将之收集至垃圾站的不足 20%，随意丢弃的占 50%，焚烧的约占 30%；超过 50%的涪陵农户将之收集送至垃圾站，秭归的农户将之焚烧、随意丢弃、送到垃圾桶的比例较为平均（图 8-23）。

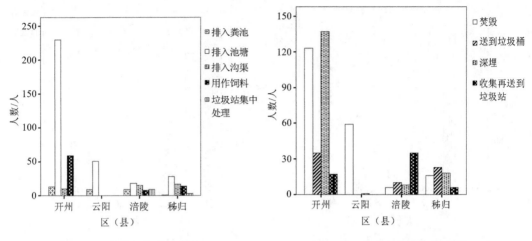

图 8-22　您家如何处理泔水　　　　图 8-23　您家如何处理塑料袋

在 494 个受访家庭中，愿意为农村污水处理支付一定费用的有 381 个（77.1%），不愿意的有 113 个（22.9%）。他们的选择具有显著地域差异（df=3，p=0.000，a=0.01）（图 8-24），开州、涪陵、秭归的农户愿意支付的比例较高，而云阳却很低。不愿意的原因主要有两个：一是家里没钱、生活负担重（78.9%），二是希望政府解决（21.1%）。愿意支付的受访者其支付意愿分布范围如图 8-25 所示，其均值约为 50 元/（人·a）。进一步的回归分析表明，受访者的性别、年龄、受教育程度对支付意愿值并没有显著影响，而耕地面积却与其呈显著负相关（p=0.000）。

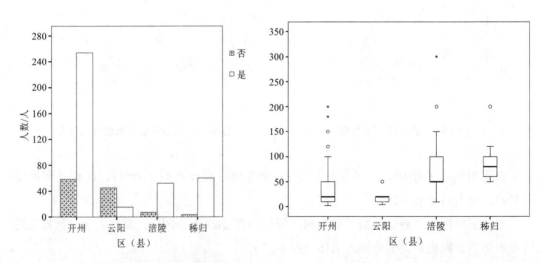

图 8-24　是否愿意为农村污水处理支付费用　　　图 8-25　各区（县）支付意愿的分布范围（元）

8.7　本章小结

运用参与式评估法，对云阳盘龙镇、涪陵南沱镇、秭归茅坪镇（以前均做过面源防治试点）的村民和开州箐林溪流域（以前未做过试点）的村民开展了问卷调查。通过对494 份有效问卷的统计分析，我们发现，涪陵的农民对库区水污染的关注程度最高，开州最低。78%的农民觉得化肥价格偏高，但实际施用量却远高于专家的建议用量。农民的施肥决策依据迥异，并不基于产量、利润或社会效益的系统优化。相对施肥或施农药是否费力，受访者更关心肥料和农药的价格与效果。只有 22.5%的受访者参加过当地农技站的农业生产培训，其中秭归农民参加过培训的比例最高，开州最低。约 95%的农民表示愿意接受农业专家提供的施肥或农药建议或参加相关研讨会，开州农民的愿意接受度略低于其他 3 个区（县）。总体来看，开展过面源污染防治试点项目的地区，农民对面源污染的认知与防控实践能力相对好一点，说明以前的试点建设取得了一定成效。但与此同时，农民对于最佳管理措施的知识的相对匮乏，与已经专门用于此项研究的巨大投资，依然形成了鲜明对比。从相关利益者的角度，教育、技术援助和费用分摊可能是促进农民采用最佳管理措施的有效政策工具。

48%的受访户饲养畜禽。畜禽主要为猪、鸡、鸭且多为散养，畜舍的分布大多靠近自家住房。目前，沼气池没有正常使用的占 20.8%，原因主要为损坏了没人修、无原料。建议当地政府增强公共服务的均等化，每年统筹安排包括旧沼气池在内的农村污染处理设施的维护和修复计划项目，从而增强面源防控工程建设资金投入的有效性和农户使用设施的积极性。

生活饮用水使用自来水的占 40.5%，使用井水的占 24.9%。70%的农户仍使用传统旱厕。农民对用水的期望主要包括提高水质、提高方便程度、用上自来水。77.1%的受访者愿意为农村污水处理支付一定费用。开州、涪陵、秭归的农户愿意支付的比例较高，而云阳却很低。农民对污水处理的支付意愿表现出显著的区域差异，并与家庭耕地面积呈显著负相关，其均值约为 50 元/（户·a）。

第 9 章
三峡库区农村污水治理

优良的农村水环境，是建设美丽乡村、实现乡村振兴战略中"生态宜居"要求的关键组成部分。随着"三大攻坚战"的提出，未来 10 年将会是污染治理的关键期，而农村水环境的治理更是其中的难点和重点（曲久辉，2019）。相对于城市水环境的治理在世界范围内已有充足的经验可借鉴，我国农村水环境的治理并没有国际的先进系统模式可学习或模仿。这是因为，发达国家的城市化进程早已完成，没有中国这样的大农村。而且，发达国家部分人口分散居住在城郊，污水进行分散治理，而污水分散治理并不等同于农村污水治理（王洪臣，2018）。农村水环境系统看似简单，但其中却蕴藏着无穷无尽的复杂（曲久辉，2019），我们需要基于国情探索自己的农村污水治理之路。

作为水环境保护工作的难点，三峡库区的农村污水治理也走上了一条在探索中创新、在创新中发展的道路。本章主要针对三峡库区农村生活污水的排放标准、分散式污水处理技术、乡镇污水处理设施的建设运行等问题进行分析，探讨解决方案，同时也希望库区的案例能为我国农村水环境的治理提供一点借鉴和参考。

9.1 农村生活污水的排放标准

农村生活污水是指农村居民生活过程中排放的污水，一般可分为黑水和灰水。黑水主要是指冲厕废水、粪便和尿等营养盐含量较高的混合生活污水，有时高污染物浓度的厨房废水也可归入该类。灰水主要是指洗浴、盥洗、洗衣机等杂排水，普通厨房废水通常归类于灰水，其特点是水中 SS、NH_4^+-N、TKN 和 TP 等污染物的浓度很低。农村生活污水特性的影响因素主要有地域、季节、农户收入水平和有无下水设施等（范先鹏 等，2011）。

我国关于水环境标准的体系主要有水环境质量标准、水污染物排放标准、水环境基础标准、水监测分析方法标准和水环境标准样品标准 5 类。污水排放标准的严格与宽松程度直接决定了水环境质量的水平和用水质量的高低，也关系着污水处理行业的发展方向。

目前，我国尚未制定针对农村生活污水处理的国家排放标准，当前多援引其他标准对农村污水处理设施排放进行监管。《农村环境连片整治技术指南》（HJ 2031—2013）中，针对农村生活污水连片处理项目，建议集中式农村生活处理设施排放管理参考标准为《城镇污水处理厂污染物排放标准》（GB 18918—2002），分散式农村生活处理设施排放标准参考《城市污水再生利用　农田灌溉用水水质》（GB 20922—2007）。其中，HJ 2031—2013 将集中治理界定为污水排放量≤3 000 m^3/d、服务人口 3 000 人以上的规模；分散治理为污水排放量≤10 m^3/d、服务人口在 100 人以下的规模。GB 18918—2002 中规定的基本控制指标，包括有机污染控制指标（BOD_5、COD_{Cr}、动植物油、石油类、阴离子表面活性剂）、营养物控制指标（氨氮、总氮和总磷）、卫生学指标（粪大肠菌群）、感官指标（SS、色度）及 pH 等。

从调研的情况来看，三峡库区在农村生活污水治理中援用上述标准进行管理时，遇到了一些问题。例如，当地农村生活污水一般不存在石油类污染物，对该指标控制的意义不大；GB 18918—2002 对不同环境功能的受纳水体，执行不同级别的排污标准，可是，农村有不少水域的水环境功能类别尚未确定。对分散治理模式套用 GB 20922—2007 的问题在于按照作物类型执行不同级别的排放限值，操作起来难度大；另外，其控制基本项目多达 19 项，在当地农村目前的技术经济和管理水平下难以实施。

曲久辉院士（2019）认为，中国的农村生活污水与城市污水，在水量、排放形式、收集系统方面存在很大的差异。城市的污水排放规律性较强，农村由于卫生用水量不稳定、地区差异性大，排放系数不尽相同。城市污水基本以点源形式排入下水道，而农村污水排放方式则很多，如厨房泔水用于饲养、生活污水泼洒等。城市污水基本通过管网集中收集处理，而农村收集的方式差别很大，有些是直接排放到河里，有些是加以资源化利用。农村生活污水标准的制定极为重要，照搬城市的一些污水处理标准这种方式并不可取。未来一定要拥有专门用于农村的污水排放标准，而且这个标准不应该是全国统一的，应根据各地的实际情况进行分类考虑。

王洪臣教授（2018）曾提出，科学制定排放标准，将有利于合理选择工艺。西方国家的分散污水治理，一般不要求脱氮除磷，明确要求消毒的也不多见。对于我国的农村污水治理来说，COD、BOD 和 NH_4^+-N 指标，运行上不依赖水质监测，即使要求严格，标准可达性也比较强，而且过度曝气对环境是无害的。总氮、总磷和粪大肠菌群指标，农村不可能具备日常水质监测条件，实际可达性是很差的。而且，除磷药剂和消毒药剂的过量投加对环境有害。因此，农村污水处理的排放标准应该主要针对耗氧物质。

9.2　农村分散式生活污水处理技术优选

9.2.1　分散式污水处理

分散式污水处理，是指相对于统一进行管道收集的集中式处理而言，受地理条件和经济因素制约，利用小型污水处理设施实现生活污水的就近处理。从处理规模上来看，由于不同地区的实际情况不同，并没有一个统一的标准。根据文献查阅及实际调研，本研究中采用的是《重庆市农村生活污水及生活垃圾适宜处理技术推荐（试行）》（2015 年）对农村污水处理规模划分中一～三类的规模划分标准，即处理规模 $Q \leqslant 100 \ \mathrm{m^3/d}$。

根据处理规模，分散式农村生活污水的处理通常采用两类设施——一类设施和二类设施。一类设施主要用于聚居规模小、居住较为分散的农村居民区域，其污水处理规模 $\leqslant 20 \ \mathrm{m^3/d}$。这些地区农村居民用水量较少，污水回用于灌溉的比率较高，且粪便污水常用作农作物肥料使用。因此，这些地区只需简单的化粪池、沼气池等技术工艺对污水进行处理，农户自行将处理后的生活污水用于灌溉即可。二类设施一般用于小范围居民聚集区，各户将污水收集后共同处理，采用小型的生物或生态处理工艺，污水处理规模为 $20 \sim 100 \ \mathrm{m^3/d}$。

目前，分散式污水治理措施在当地已有较多的应用，如沼气池处理、高效厌氧+多级人工湿地组合工艺、高效厌氧+序批式人工湿地工艺等。这些已开展的分散式污水治理试点项目主要包括[①]：

（1）沼气池

案例 1：重庆市云阳县生态村

重庆市云阳县于 2009 年 4 月开工建设生态村，在盘龙镇临长江面第一个山脊线以内的8 个村（三龙村、柳桥村、四民村、龙安村、长安村、永兴村、永安村、活龙村）建设了2 954 口沼气池，沼气池选用 8 $\mathrm{m^3}$ 砖混水压式沼气池，配套对厨房、厕所、圈舍进行改造。

案例 2：重庆市涪陵区生态村

重庆市涪陵区于 2010 年 6 月开工建设生态村，在南沱镇临江面第一个山脊线以内的金鸡村、秀山村、联丰村、龙驹村、石佛村、睦和村、焦岩村、南沱村、关东村、治坪村、王家湾居委会、红碑村 12 个村建设了 4 501 口沼气池，沼气池选用 8 $\mathrm{m^3}$ 砖混水压式沼气池，配套对厨房、厕所、圈舍进行改造。

[①] 以下案例选自三峡工程生态环境建设与保护协调小组编制的《三峡库区农村截污工程技术选编》，2012。

案例 3：湖北省秭归县生态村

湖北省秭归县于 2009 年开工建设生态村，在兰陵溪村、中坝村、松树坳村等村新建了 680 口沼气池，对圈舍、厨房、厕所进行了配套改造。据测算，一口 8 m³ 的沼气池使用设计寿命在 20 年以上，年均产气量为 358 m³，可解决全家 80% 左右的生活用能。按当时农村普遍使用煤炭、石油液化气、薪柴等沼气替代产品测算，每户每年可节约标准煤 605 kg、石油液化气 10.2 罐、柴薪 2.5 t。同时，产生的沼液用于施肥，可减少化肥的施用量，每口沼气池每户节约直接支出共 500~800 元/a。

（2）高效厌氧+多级人工湿地组合工艺

案例 1：重庆市云阳县几个居民点的污水处理设施

重庆市云阳县盘龙街道涂家院子居民点、活龙村居民点、方家桥居民点于 2009 年 4 月开工建设污水处理站。处理站采用高效厌氧+多级人工湿地组合式处理工艺，当年 11 月竣工。涂家院子的污水处理规模为 40 m³/d，占地面积为 424 m²（含道路、绿化等，下同），活龙村的处理规模为 35 m³/d，占地面积为 357 m²，方家桥的处理规模为 40 m³/d，占地面积为 433 m²；共铺设污水收集管道约 1.89 km。污水处理站采用砖混结构，主要种植香根草、美人蕉、风车草等植物，污水管材采用 UPVC 双壁波纹管，项目运行无须动力，由所在村负责日常管理。据监测，这几个污水处理站的 COD$_{Cr}$ 浓度，进水为 160~170 mg/L，出水为 50~53 mg/L，处理效率较高。

案例 2：重庆市涪陵区南沱镇几个污水处理站

重庆市涪陵区南沱镇睦和村移民点、焦岩村移民点及龙驹村移民点分别建设了农村居民点污水处理站。项目于 2010 年 6 月开工建设，采取高效厌氧+多级人工湿地组合式处理工艺，当年 12 月竣工。睦和村的处理规模为 20 m³/d，占地面积为 269 m²，焦岩村移民点处理规模为 25 m³/d，占地面积为 323 m²，龙驹村的处理规模为 40 m³/d，占地面积为 416 m²，共铺设污水收集管网 2.27 km，污水处理站采用砖混结构，主要种植芦苇、美人蕉、风车草等植物，污水管材采用 UPVC 双壁波纹管。污水处理站均采用无动力处理工艺，由各村负责日常维护管理，出水水质可达《城镇污水处理厂污染物排放标准》（GB 18918—2002）一级 B 标准。

（3）高效厌氧+序批式人工湿地组合工艺

案例：湖北省秭归县农村截污工程试点项目

湖北省秭归县茅坪镇于 2009 年年底分别在兰陵溪村和中坝子村建设了污水处理站。其中，兰陵溪村居民点共 98 户、537 人（含兰陵小学学生），污水处理站设计规模为 36 m³/d，设计面积占地 400 m²。中坝子村委会集中居民点 94 人，设计规模为 6.5 m³/d，设计面积占地 80 m²。污水处理站均采用了格栅池、沉淀池、人工湿地组合处理工艺。2010 年 6 月 18 日，经秭归县环境监测站对秭归县兰陵溪、中坝子的人工湿地处理系统进出口废水进行了随机采样监测，各类污染物浓度均满足《污水综合排放标准》（GB 8978—1996）的一级标准。

9.2.2　备选的处理工艺

农村污水处理工艺选择应遵循 3 个基本原则（王洪臣，2008）：一是选择抗冲击负荷能力强的工艺，二是选择运行维护简单的工艺，三是选择能耗低的工艺。根据生态环境部 2012 年编制的《农村生活污水处理项目建设与投资技术指南》（征求意见稿）编制说明中的调查结果，2008—2012 年建设的分散式污水处理项目，重庆市有 418 个，整个三峡库区约有 500 个，采用的工艺主要有人工湿地、净化沼气池、土地渗滤池、曝气生物滤池。另外，"稳定塘"与"稳定塘+人工湿地"的组合，是我国南方尤其是江浙农村地区的常用工艺。这些已有的分散式污水处理工艺，其各自的综合运行效果，将会成为后续工艺改进和选择推广的重要依据。

本节拟运用灰色关联分析法，对库区典型的农村生活污水分散处理工艺进行优选排序，相关内容源于项目组成员周源伟所撰写的硕士论文（周源伟，2016）。

根据三峡库区和我国南方农村的实际情况，我们将参与优选的分散式污水处理工艺暂定为 6 种——小型人工湿地、土地渗滤池、稳定塘、沼气净化池、曝气生物滤池、稳定塘+人工湿地。以下分别是几种备选工艺的简介。

（1）沼气池

沼气池，是利用粪便等有机物质，在一定温度、湿度、酸碱度条件下，通过厌氧微生物的发酵作用，产生可燃气体的设备设施。一般来说，沼气池的进水应为浓度较高的黑水，灰水不宜排入。沼气池的建设应符合《户用沼气池施工操作规程》（GB 4752—2002）与《户用沼气池质量验收规范》（GB 4751—2002）。水压式沼气池是我国推广最早、数量最多的池型，其结构如图 9-1 所示。沼气池建设可配套对农户畜禽圈舍、厕所、厨房进行改造，便于实现进粪、出粪的自动化，家居的清洁化。沼气池产生的沼气作为燃料，沼液用于果树施肥的高效生态农业模式，实行种养物质与能量的循环利用，实现农业经济高效化。

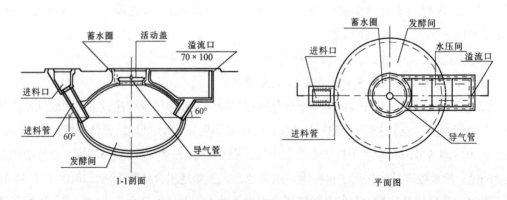

图 9-1　水压式沼气池结构示意

资料来源：http://www.baiyibaoem.com/jishuziliao/youjifeifajiao/595.html.

（2）稳定塘

稳定塘是一种比较适合农村地区的污水处理工艺，它通常可以分为好氧塘、兼性塘、厌氧塘、曝气塘和生态塘等类型。对于农村生活污水处理来说，比较适宜采用好氧塘、兼性塘和生态塘。

好氧塘的深度较浅，阳光可以照射到塘底，保证了水中有充足的溶解氧。好氧塘主要通过好氧微生物对塘内的有机物进行降解，适用于生活污水的二级处理。

兼性塘比好氧塘的深度深一些，从上至下依次为好氧区、缺氧区和厌氧区。兼性塘在农村生活污水的处理中最为常用，它对水量、水质变化的适应能力较强，一般用于污水的初级处理。

生态塘主要通过在塘中种植大量水生植物来吸收水污染物，对氮和磷有较好的去除效果。它通常作为污水的深度处理单元使用，且具有较好的景观效果。

稳定塘的结构如图 9-2 所示。

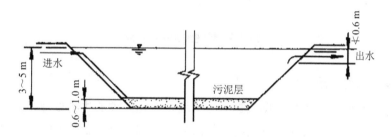

图 9-2　稳定塘结构示意*

注：本章所有图表中*均引自项目组成员周源伟的硕士毕业论文，下同。（周源伟. 三峡水库生态屏障区农村生活污水处理工艺优选研究[D]. 南京大学，2016.）

（3）人工湿地技术

人工湿地技术是人工设计建造的一种类似自然沼泽的污水处理系统。按照水流的特征，它通常可以分为潜流式人工湿地、表面流人工湿地和垂直流人工湿地 3 种。农村生活污水处理主要考虑造价适中的潜流式人工湿地。

潜流式人工湿地的结构如图 9-3 所示。工艺过程为生活污水—预处理（格栅、沉淀）—厌氧消化—人工湿地处理单元—排出或生物强化处理。

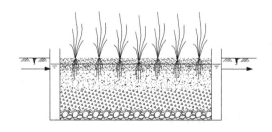

图 9-3　潜流人工湿地示意*

（4）土地渗滤系统

土地渗滤处理系统是一种利用土壤中的微生物和植物根系对污水进行净化处理的生态工程技术。它通常可分为慢速渗滤系统、快速渗滤系统、地表漫流等，其中慢速渗滤系统是最常用的一种类型，适用于污水量较少、土壤渗水性好，以及蒸发量小、气候润湿的地区。其结构示意如图9-4所示，工艺过程为生活污水—预处理（沉淀）—地面投配系统—渗滤场渗滤—排出。

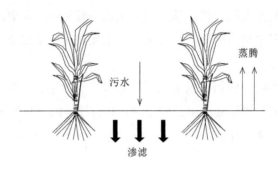

图9-4 慢速渗滤系统示意[*]

（5）曝气生物滤池

曝气生物滤池是一种利用微生物对污水进行净化处理的生物处理工艺。其工作原理为，污水从上而下流经表面长有生物膜的滤料，池底曝气为微生物降解有机物创造稳定的好氧环境。工艺流程如图9-5所示。

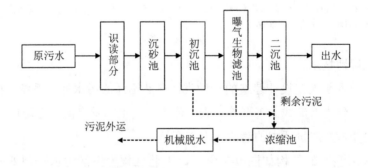

图9-5 曝气生物滤池工艺流程[*]

9.2.3 处理工艺评价

（1）指标体系

基于农村生活污水处理工艺的特征和三峡库区的环境敏感性，通过文献查阅和实地调研，考虑影响工艺综合性能的多种因素，本书提出了包含经济成本、技术性能和环境效益 3 个准则层、共 13 项指标的农村生活污水处理工艺综合性能评价指标体系，见表 9-1。

表 9-1 三峡库区农村生活污水处理工艺综合性能评价指标体系[*]

目标层	准则层	指标层
农村生活污水处理工艺综合性能	经济成本	建设成本
		运行成本
	技术性能	COD 去除率
		BOD 去除率
		总氮去除率
		氨氮去除率
		总磷去除率
		SS 去除率
		运行稳定性
	环境效益	建设面积与服务人口比
		管理难易
		自然环境适应性
		村民接受度

（2）数据收集

指标参数的收集主要通过国家和地方颁布的技术指南、技术推荐等，包括《农村生活污水处理项目建设与投资技术指南》编制说明[①]、《农村环境连片整治技术指南》编制说明[②]、《西南地区农村生活污水处理技术指南（试行）》[③]《重庆市农村生活污水及生活垃圾适宜处理技术推荐（试行）》[④]等，此外我们还通过文献查阅（张馨蔚 等，2011；蒲昌化等，2008；曹杰，2007；曾永刚，2010；郑伟等，2011；李智，2012；陈雁玲，2012；伍培等，2011；朱平，2014；宋官勇，2013）以及实地调研进行了补充，最终得出的指标参数详见表 9-2。

表 9-2 备选工艺各指标数据[*]

评价指标		处理工艺					
		工艺 1	工艺 2	工艺 3	工艺 4	工艺 5	工艺 6
C_1	建设成本/（元/t）	3 000	2 500	2 000	2 200	2 200	1 900
C_2	运行成本/（元/t）	0.10	0.20	0.10	0.20	0.25	0.15
C_3	COD 去除率/%	82	85	70	60	85	70

① 农村生活污水处理项目建设与投资技术指南编制组.《农村生活污水处理项目建设与投资技术指南》（征求意见稿）编制说明[Z]. 2012.

② 农村环境连片整治技术指南编制组.《农村环境连片整治技术指南》编制说明（征求意见稿）[Z]. 2012.

③ 中华人民共和国住房和城乡建设部. 西南地区农村生活污水处理技术指南（试行）[Z]. 2010.

④ 重庆市环境保护局. 重庆市农村生活污水及生活垃圾处理适宜技术推荐（试行）[Z]. 2015.

评价指标		处理工艺					
		工艺 1	工艺 2	工艺 3	工艺 4	工艺 5	工艺 6
C_4	BOD 去除率/%	88	75	70	70	75	85
C_5	总氮去除率/%	33	71	53	35	35	56
C_6	氨氮去除率/%	65	90	90	60	67	68
C_7	总磷去除率/%	75	60	50	25	33	77
C_8	SS 去除率/%	95	60	90	50	89	75
C_9	运行稳定性	0.5	0.5	0.3	0.5	0.7	0.5
C_{10}	建设面积与服务人口比/(m^2/人)	2.05	2.43	1.20	1.50	0.08	0.23
C_{11}	管理难易	0.9	0.5	0.9	0.7	0.1	0.7
C_{12}	自然环境适应性	0.7	0.9	0.5	0.9	0.3	0.7
C_{13}	村民接受度	0.7	0.5	0.5	0.9	0.3	0.5

注：工艺 1 到 6 分别为：小型人工湿地；土地渗滤池；稳定塘；沼气净化池；曝气生物滤池；稳定塘+人工湿地。

上表中的运行稳定性、管理难易、自然环境适应性及村民接受度这 4 项指标属于定性指标，其数值采用模糊隶属度[0, 1.0]表示。将 0～1.0 的隶属度划分为好、较好、一般、较差、差 5 个级别，分别赋值 0.9、0.7、0.5、0.3、0.1，数值越高，则隶属度越大。表中 4 项指标的数值通过专家打分以及调查问卷的回馈来综合确定的。

此外，通过实地走访调查，发现现阶段三峡库区在分散式农村生活污水处理采取的工艺主要是户用沼气工程技术。然而，随着国家对农村投资结构的调整，以后将重点投资大型沼气工程，不再对户用沼气和养殖小区联户小型沼气进行投资。因此，本书在计算沼气工程的建设和运行指标时并没有考虑现有的政府补贴，这也是从未来长远的角度做出的评判。

（3）确定权重

1）改进的 AHP 方法确定主观权重

首先由行业专家对本书选取的农村生活污水评价的 13 个指标按重要程度排序并赋标度值，结果见表 9-3。

表 9-3   农村生活污水处理工艺综合性能评价指标排序*

排名	1	2	3	4	5	6	7	8	9	10	11	12	13
指标名称	运行成本	建设成本	管理难易	村民接受度	COD去除率	总氮去除率	总磷去除率	运行稳定性	氨氮去除率	BOD去除率	SS去除率	面积与人口比	环境适应性
指标序号	C_2	C_1	C_{11}	C_{13}	C_3	C_5	C_7	C_9	C_6	C_4	C_8	C_{10}	C_{12}
标度值	t_1	t_2	t_3	t_4	t_5	t_6	t_7	t_8	t_9	t_{10}	t_{11}	t_{12}	—
t_i	1.2	1.4	1.6	1.2	1	1	1	1.2	1.4	1.2	1.2	1.4	—

根据表 9-3 的标度值，可以得到判断矩阵 R：

$$R=\begin{bmatrix}
1 & 1.2 & 1.68 & 2.688 & 3.225\,6 & 3.225\,6 & 3.225\,6 & 3.225\,6 & 3.870\,7 & 5.419\,0 & 6.502\,8 & 7.803\,4 & 10.924\,7 \\
0.833\,3 & 1 & 1.4 & 2.24 & 2.688 & 2.688 & 2.688 & 2.688 & 3.225\,6 & 5.515\,8 & 5.419\,0 & 6.502\,8 & 9.103\,9 \\
0.595\,2 & 0.714\,3 & 1 & 1.6 & 1.92 & 1.92 & 1.92 & 1.92 & 2.304 & 3.225\,6 & 3.870\,7 & 4.644\,9 & 6.502\,8 \\
0.372\,0 & 0.446\,4 & 0.625 & 1 & 1.2 & 1.2 & 1.2 & 1.2 & 1.44 & 2.016 & 2.419\,2 & 2.903\,0 & 4.064\,3 \\
0.310\,0 & 0.372\,0 & 0.520\,8 & 0.833\,3 & 1 & 1 & 1 & 1 & 1.2 & 1.68 & 2.016 & 2.419\,2 & 3.386\,9 \\
0.310\,0 & 0.372\,0 & 0.520\,8 & 0.833\,3 & 1 & 1 & 1 & 1 & 1.2 & 1.68 & 2.016 & 2.419\,2 & 3.386\,9 \\
0.310\,0 & 0.372\,0 & 0.520\,8 & 0.833\,3 & 1 & 1 & 1 & 1 & 1.2 & 1.68 & 2.016 & 2.419\,2 & 3.386\,9 \\
0.310\,0 & 0.372\,0 & 0.520\,8 & 0.833\,3 & 1 & 1 & 1 & 1 & 1.2 & 1.68 & 2.016 & 2.419\,2 & 3.386\,9 \\
0.258\,4 & 0.310\,0 & 0.434\,0 & 0.694\,4 & 0.833\,3 & 0.833\,3 & 0.833\,3 & 0.833\,3 & 1 & 1.4 & 1.68 & 2.016 & 2.822\,4 \\
0.184\,5 & 0.221\,4 & 0.310\,0 & 0.496\,0 & 0.595\,2 & 0.595\,2 & 0.595\,2 & 0.595\,2 & 0.714\,3 & 1 & 1.2 & 1.44 & 2.016 \\
0.153\,8 & 0.184\,5 & 0.258\,4 & 0.413\,4 & 0.496\,0 & 0.496\,0 & 0.496\,0 & 0.496\,0 & 0.595\,2 & 0.833\,3 & 1 & 1.2 & 1.68 \\
0.128\,2 & 0.153\,8 & 0.215\,3 & 0.344\,5 & 0.413\,4 & 0.413\,4 & 0.413\,4 & 0.413\,4 & 0.496\,0 & 0.694\,4 & 0.833\,3 & 1 & 1.4 \\
0.091\,5 & 0.109\,8 & 0.153\,8 & 0.246\,0 & 0.295\,3 & 0.295\,3 & 0.295\,3 & 0.295\,3 & 0.354\,3 & 0.496\,0 & 0.595\,2 & 0.714\,3 & 1
\end{bmatrix}$$

因为该判断矩阵不需要进行一致性检验，我们可以直接根据矩阵 R 计算出各指标的权重，见表 9-4。

表 9-4　农村生活污水处理工艺综合性能评价指标主观权重[*]

排名	1	2	3	4	5	6	7	8	9	10	11	12	13
指标名称	运行成本	建设成本	管理难易	村民接受度	COD去除率	总氮去除率	总磷去除率	运行稳定性	氨氮去除率	BOD去除率	SS去除率	面积与人口比	环境适应性
指标序号	C_2	C_1	C_{11}	C_{13}	C_3	C_5	C_7	C_9	C_6	C_4	C_8	C_{10}	C_{12}
权重	0.205\,9	0.171\,6	0.122\,6	0.076\,6	0.063\,8	0.063\,8	0.063\,8	0.063\,8	0.053\,2	0.038\,0	0.031\,7	0.026\,4	0.018\,8

2）熵权法确定客观权重

根据收集的数据构建 6 种工艺 13 项评价指标的判断矩阵 A；

$$A=\begin{bmatrix}
3\,000 & 2\,500 & 2\,000 & 2\,200 & 2\,200 & 1\,900 \\
0.1 & 0.2 & 0.1 & 0.2 & 0.25 & 0.15 \\
82 & 85 & 70 & 60 & 85 & 70 \\
88 & 75 & 70 & 70 & 75 & 85 \\
33 & 71 & 53 & 35 & 35 & 56 \\
65 & 90 & 90 & 60 & 67 & 68 \\
75 & 60 & 50 & 25 & 33 & 77 \\
95 & 60 & 90 & 50 & 89 & 75 \\
0.5 & 0.5 & 0.3 & 0.5 & 0.7 & 0.5 \\
2.05 & 2.43 & 1.2 & 1.5 & 0.08 & 0.23 \\
0.9 & 0.5 & 0.9 & 0.7 & 0.1 & 0.7 \\
0.7 & 0.9 & 0.5 & 0.9 & 0.3 & 0.7 \\
0.7 & 0.5 & 0.5 & 0.9 & 0.3 & 0.5
\end{bmatrix}$$

将矩阵 A 规范化和归一化处理，得到矩阵 C；

$$C=\begin{bmatrix} 1.000\,0 & 0.654\,5 & 0.136\,4 & 0.372\,0 & 0.372\,0 & 0 \\ 0 & 0.833\,3 & 0 & 0.833\,3 & 1.000\,0 & 0.555\,5 \\ 0.868\,4 & 1.000\,0 & 0.342\,2 & 0 & 1.000\,0 & 0.342\,2 \\ 1.000\,0 & 0.282\,2 & 0 & 0 & 0.282\,2 & 0.833\,3 \\ 0 & 1.000\,0 & 0.526\,3 & 0.052\,7 & 0.052\,7 & 0.605\,2 \\ 0.166\,5 & 1.000\,0 & 1.000\,0 & 0 & 0.233\,1 & 0.266\,7 \\ 0.961\,5 & 0.673\,0 & 0.480\,8 & 0 & 0.153\,9 & 1.000\,0 \\ 1.000\,0 & 0.222\,3 & 0.889\,0 & 0 & 0.866\,6 & 0.555\,6 \\ 0.500\,0 & 0.500\,0 & 0 & 0.500\,0 & 1.000\,0 & 0.500\,0 \\ 0.993\,7 & 1.000\,0 & 0.965\,1 & 0.978\,9 & 0 & 0.674\,4 \\ 1.000\,0 & 0.500\,1 & 1.000\,0 & 0.750\,0 & 0 & 0.750\,0 \\ 0.666\,7 & 1.000\,0 & 0.333\,4 & 1.000\,0 & 0 & 0.666\,7 \\ 0.666\,7 & 0.333\,4 & 0.333\,4 & 1.000\,0 & 0 & 0.333\,4 \end{bmatrix}$$

经过计算，最终得到 H_j 和 ω_j，结果见表 9-5。

表 9-5　计算得出的 H_j 和 ω_j 值[*]

准则层	指标层	H_j	ω_j	排序
经济成本	C_1	0.625 6	0.083 1	3
	C_2	0.655 8	0.076 4	7
技术性能	C_3	0.669 0	0.073 4	9
	C_4	0.616 4	0.085 1	2
	C_5	0.610 1	0.086 5	1
	C_6	0.629 3	0.082 2	4
	C_7	0.655 9	0.076 3	8
	C_8	0.669 9	0.073 2	10
	C_9	0.649 7	0.077 7	6
环境效益	C_{10}	0.713 5	0.063 6	13
	C_{11}	0.689 6	0.068 9	13
	C_{12}	0.674 6	0.072 2	11
	C_{13}	0.633 0	0.081 4	5
合计		8.492 3	1.000 0	

3）组合权重的确定

通过计算已经分别得出两种方法确定的主客观权重，可以求出评价指标的组合权重（表 9-6）。

表9-6　各评价指标权重计算结果*

指标			主观权重	客观权重	组合权重	
经济效益	C_1	建设成本	0.171 6	0.083 1	0.117 6	0.258 8
	C_2	运行成本	0.205 9	0.076 4	0.141 2	
技术性能	C_3	COD 去除率	0.063 8	0.073 4	0.068 6	0.466 5
	C_4	BOD 去除率	0.038 0	0.085 1	0.061 6	
	C_5	总氮去除率	0.063 8	0.086 5	0.075 2	
	C_6	氨氮去除率	0.053 2	0.082 2	0.067 7	
	C_7	总磷去除率	0.063 8	0.076 3	0.070 1	
	C_8	SS 去除率	0.031 7	0.073 2	0.052 5	
	C_9	运行稳定性	0.063 8	0.077 7	0.070 8	
环境效益	C_{10}	建设面积与服务人口比	0.026 4	0.063 6	0.045 0	0.265 3
	C_{11}	管理难易	0.122 6	0.068 9	0.095 8	
	C_{12}	自然环境适应性	0.018 8	0.072 2	0.045 5	
	C_{13}	村民接受度	0.076 6	0.081 4	0.079 0	

（4）灰色关联分析

由各指标参数构成比较数列，形成如下指标序列：

$$x_1(j) == \{3\,000, 0.10, 82, 88, 33, 65, 75, 95, 0.5, 2.05, 0.9, 0.7, 0.7\}$$

$$x_2(j) == \{2\,500, 0.20, 85, 75, 71, 90, 60, 60, 0.5, 2.43, 0.5, 0.9, 0.5\}$$

$$x_3(j) == \{2\,000, 0.10, 70, 70, 53, 90, 50, 90, 0.3, 1.20, 0.9, 0.5, 0.5\}$$

$$x_4(j) == \{2\,200, 0.20, 60, 70, 35, 60, 25, 50, 0.5, 1.50, 0.7, 0.9, 0.9\}$$

$$x_5(j) == \{2\,200, 0.25, 85, 75, 35, 67, 33, 89, 0.7, 0.08, 0.1, 0.3, 0.3\}$$

$$x_6(j) == \{1\,900, 0.15, 70, 85, 56, 68, 77, 75, 0.5, 0.23, 0.7, 0.7, 0.5\}$$

经过计算，最终得到 6 种工艺的灰色关联度如下：

$$\varepsilon_1 = 0.772\,0; \quad \varepsilon_2 = 0.680\,7; \quad \varepsilon_3 = 0.754\,8;$$

$$\varepsilon_4 = 0.631\,0; \quad \varepsilon_5 = 0.632\,0; \quad \varepsilon_6 = 0.714\,6$$

对上述计算结果排序可得

$$\varepsilon_1 > \varepsilon_3 > \varepsilon_6 > \varepsilon_2 > \varepsilon_5 > \varepsilon_4$$

因此，6 种农村生活污水处理工艺的优选顺序依次为小型人工湿地、稳定塘、稳定塘+人工湿地、土地渗滤池、曝气生物滤池、沼气净化池。综合来看，造价低廉、处理效果好，并且维护简便的污水处理工艺。

但需要指出的是，小型人工湿地表现出占地小、投资低的特点，其实是因为在工艺技术设计时，人为提高了水力负荷和污染物负荷。若要保证处理效果，根据降解机理客观确定设计负荷，人工湿地其实需要较大的占地，否则在运行一段时间后会被严重堵塞。

这一点已在近些年库区人工湿地的运行中得到充分的验证。另外，人工湿地的运行管理除需要定期更换滤料外，它对配水均匀也有严格的要求。因此，建议不要将此类生态处理单元赋予过多的功能，最好将其作为其他处理措施之后的深度处理单元，而不是直接处理原污水（王洪臣，2018）。

关于我国农村分散式污水治理的管理模式，王洪臣（2018）曾指出，"村巡视、镇维护、县监督"，有可能是值得探索的主流管理模式。"村巡视"是指村设专职或兼职的管理员，负责定期检查巡视，及时发现问题；"镇维护"是指镇成立规模适当的检修维护队伍，解决各村上报的问题；"县监督"是指县设置专门监督管理机构，提出运行质量标准及目标，通过定期与随机抽查，不断提高运行管理水平。少数经济发达的地区，可以委托专业公司实现专业化管理。以上观点对三峡库区很有借鉴指导意义。

9.3　乡镇集中式污水处理设施建设运行

集中式污水处理设施是指通过排水管网，将各污染源排出的污水，统一收集并输送到污水处理厂进行集中处理的系统，主要服务于人口密度较大的城市和乡镇。其主要特征是统一收集、统一输送、统一处理，易于集中管理，出水水质稳定，设施的建设费用高，对设施运行的技术水平和管理水平要求高。

按照《水污染防治行动计划》（国发〔2015〕17号），到2020年，我国城市污水处理率应达到95%，县城污水处理率应达到85%，全国所有县城和重点镇都必须具备污水收集处理的能力。然而，与城市和县城污水处理设施相比，乡镇污水处理设施规模小、布局散、数量多，建设运行成本高且难度大。因此，如何顺利建设乡镇污水处理设施并使之正常运行，是各地方政府特别关心和亟待解决的问题。本节内容源于笔者已发表的论文（冯琳，2018）。

9.3.1　建设现状

9.3.1.1　政策进展

三峡库区是长江经济带的重要组成部分，也是长江流域重要的生态屏障，其水环境质量如何，一直备受社会各界关注。

三峡工程建设前，沿江各个县城和乡镇生活污水及部分工业废水基本上都直排长江。三峡工程开工建设后，国务院批准实施的《长江三峡工程水库淹没处理及移民安置规划》和《三峡库区及其上游水污染防治规划（2001—2010年）》，优先解决了沿江所有城市和县城污水处理设施的建设问题，同时批复建设了 199 个乡镇污水处理设施。为了保障建成后的污水处理厂能够正常运行，2006—2010 年，国家在三峡库区实行污水处理"以补促提"政策，累计安排中央财政资金 12.34 亿元（邹曦 等，2014），对库区范围内的污水处理厂运行进行补助。

后三峡时代，生态环保问题尤受关注。2011 年，三峡后续工作启动实施，库区乡镇污水处理设施建设步伐提速。2011 年国务院批准实施的《三峡后续工作规划》，将推进库区生态环境建设与保护作为六大任务之一。2014 年完成的《三峡后续工作规划优化完善意见》，更加突出地将加强"水污染防治和库周生态安全保护带"建设（规划总投资 283 亿元）作为首要任务，约 70%的乡镇污水处理设施项目都是在 2015—2017 年集中安排的。

近年来，在中央巡视、中央环保督查、国务院大督查等工作的推动下，三峡库区有关地方政府认真落实《水污染防治行动计划》《重点流域水污染防治规划（2011—2015 年）》《重点流域水污染防治规划（2016—2020 年）》的相关要求，在乡镇污水处理设施建设运行目标任务的确立、运行机制的创新等方面均取得了重要突破。重庆市政府于 2015 年 10 月印发《重庆市乡镇污水处理设施建设运营实施方案》，确定了 2017 年实现乡镇（含撤并乡场镇）污水处理设施全覆盖的目标；决定成立市政府为背景的环保投融资平台——重庆环保投资有限公司，负责全市所有乡镇污水处理设施的"投、建、管、运"一体化运营；各县（区）政府分别授予重庆环保投资有限公司从事乡镇污水处理设施建设及运营的特许经营权，并签订特许经营合同，明确以县（区）政府购买服务的方式支付污水处理服务费。仅此前的 2015 年 7 月，重庆库区丰都县采取公私合作 PPP（Public-Private-Partnership）模式，将该县乡镇污水处理设施交由北京桑德环境工程有限公司负责筹资、建设、运营。湖北库区进度稍慢，湖北省政府于 2017 年 2 月印发的《关于全面推进乡镇生活污水治理工作的意见》，确定了 2019 年实现全省乡镇污水处理全覆盖的目标，并提出了厂网同步、建管一体、PPP 模式、一县一包等要求。地方政府的高度重视和有力推动，特别是市场化运作机制的初步建立，为三峡库区乡镇污水处理设施的建设运行提供了坚实保证。

9.3.1.2　乡镇污水处理设施建设与运行成效

作为国家集中连片贫困地区，三峡库区已率先基本实现城镇污水处理设施建设全覆盖目标。目前，三峡库区 19 个县（区）共有乡镇 429 个，据初步统计，已建和在建乡镇（含撤并乡场镇）污水处理厂（站）883 座、污水管网 4 500 km，设计处理规模 63 万 t/d，平均的设计规模约 700 t/座。其中，乡镇污水处理厂（站）432 座，设计处理规模 51 万 t/d，平均的设计规模约 1 200 t/座；撤并乡场镇污水处理厂（站）451 座，设计处理规模 12 万 t/d，平均的设计规模约 300 t/座。

三峡库区乡镇污水处理工艺有氧化沟、A^2/O、CASS、人工快渗、人工湿地、接触氧化法、MBR、BAF、SBR 等 22 种。其中工艺使用数量较多的是氧化沟、人工湿地、人工快渗和接触氧化。这些工艺，具有建设运行成本低（不考虑征地成本和人力成本）、管理较为简单等特点。

三峡库区已建成的乡镇污水处理厂（站），除湖北库区 4 个县（区）目前仍由乡镇政府自行管理外（约占总量的 6%），重庆库区 15 个县（区）基本上均已交由重庆环保投资有限公司（丰都县为桑德水务有限公司）负责集中统一运营。集团化、规模化的管理，保证了专业化、规范化的运行。从现场调查情况看，重庆库区各乡镇污水处理厂（站）运行管理普遍较为规范，出水水质基本都能达到设计的一级 B 排放标准（GB 18918—2002）；而与此形成对比的是，目前湖北库区由各乡镇自行管理的污水处理厂（站），多数运行管理较不规范，部分乡镇污水处理厂（站）由于环保部门未开展监督性监测、乡镇也没有能力进行自查，实际运行效果未知。由此可见，乡镇污水处理设施采取第三方专业公司运营模式，具有明显优势。

三峡库区已建成的乡镇污水管网，除丰都县由桑德水务有限公司负责集中统一运维外，其他县（区）目前仍由乡镇政府自行管理。

据初步统计，截至 2017 年年底，三峡库区已完工并投入运行的乡镇污水处理厂（站）660 座、污水管网 3 000 km，设计处理规模 48 万 t/d，实际处理规模 25 万 t/d，平均运行负荷 52%。大批乡镇污水处理设施的建成投运，解决了乡镇污水直排问题，对于保护三峡库区水质特别是改善乡镇人居环境、促进全面建成小康社会发挥了关键作用。20 年间，库区污水排放量由 2.6 亿 t（1996 年，大江截流前）增长到 13.5 亿 t（2016 年），在水流速度减缓、环境容量下降的情况下，库区长江干流的水质仍稳定保持在Ⅱ～Ⅲ类，保障了"一江清水向东流"。

9.3.2　存在的主要问题

20 年来，三峡库区乡镇污水处理先行先试、成效明显。但同时也存在一些历史遗留问题和新的政策问题。

（1）工艺选择和规模设计不尽科学

由于早年认识不足、建运脱节、分散建设、把关不严等原因，三峡库区乡镇污水处理工艺繁多，其中既有一批成熟先进工艺，又有不少科研、中试性质的工艺甚至是"穿着马甲的新工艺"。例如，一些原本考虑建设运行成本低、管理简便的无动力土地处理工艺，实际运行中抗冲击性较差，出水水质不稳定，脱氮除磷效果不佳，难以实现长期稳定运行、达标排放。而且，由于库区土地资源匮乏、人力成本上升、邻避效应等因素影响，实际综合成本并无优势。第三方专业公司接手运营后，不得不对一些难以实现稳定达标排放的工艺进行技术改造。例如，对土地处理工艺的改造，主要是在前段增加生化处理环节，将土地处理改为后处理工艺。

库区已建成的乡镇污水处理厂（站），实际平均运行负荷 52%，其中仅有约 10% 的污水处理水厂（站）能达到《建设项目竣工环境保护验收监测技术要求（试行）》（环发〔2000〕38 号）中要求的 75% 的实际运行负荷。导致实际运行负荷偏低的直接原因是设计规模普遍偏大：一是人均用水定额采用《室外给水设计规范》（GB 50013—2006）中的 170～280 L/（人·d）实际偏高，加之乡镇居民习惯就近自然用水，多数乡镇若采用《村镇供水工程设计规范》（SL 687—2014）中的 60～130 L/（人·d）则更为合理；二是用水人口数量预测过高，多数乡镇人口未增反减；三是有关各方趋大偏好。

（2）配套管网尚不完善

据调查，配套管理不健全、不完善，是制约三峡库区乡镇污水处理工程效益发挥的最大短板。由于乡镇排水系统缺乏规划、改造困难，加上邻避效应引发的群众阻工现象时有发生，导致在乡镇污水管网的建设和改造过程中，频繁变更设计，实施进度缓慢。污水管网的建设进度普遍比污水处理厂（站）的建设进度滞后 50% 左右。

据估算，三峡库区乡镇污水管网还需建设和改造 3 000 km，总投资约 28 亿元。按现行的配套管网建设和运行维护责任划分，除丰都县由桑德水务有限公司承担（县财政逐年付费并偿还本息）外，库区其他地方均由各县（区）乡镇承担，任务艰巨。

（3）运行及提标改造经费难以保障

三峡库区乡镇污水处理厂（站）第三方专业公司运行的直接成本（不含折旧费、投资收益、经营收益），按实际处理水量测算为 2.30～3.30 元/t，加上污水管网的维护费用折合约 0.50 元/t，乡镇污水日常收集处理的直接成本达 2.80～3.80 元/t，远高于大中型城市污水处理设施。

目前，除丰都县已征收乡镇污水处理费（居民生活用水 0.50 元/t，非居民生活用水 0.80 元/t）外，库区其他县（区）均未征收乡镇污水处理费。现行的运行经费保障方式为：重庆市级财政按平均 1 元/t 补助、剩余费用由县（区）财政负担，湖北库区则由各县（区）财政给予一定补助、剩余较大缺口由乡镇自行解决；污水管网的运行维护费用，均由各县（区）乡镇负担。这对作为整体贫困的三峡库区而言，地方财政存在较大压力，污水处理设施长期稳定运行面临风险。

更为紧迫的是，乡镇污水处理厂（站）提标改造的费用投入存在很大压力。目前，三峡库区乡镇污水处理厂（站）的设计排放标准均为一级 B。根据生态环境部（原环保部）、发改委、水利部 2017 年 10 月联合印发的《重点流域水污染防治规划（2016—2020年）》，三峡水库城镇污水处理设施 2017 年年底前要全面达到一级 A 排放标准。三峡库区乡镇污水处理厂（站）均为小微型设施（平均设计规模约 700 t/d），单位水量的改造费用比大中型污水处理厂高出一个数量级。据第三方运营公司测算，库区乡镇污水处理厂（站）提标改造，在不新增土地的情况下，吨水需增加投资约 3 500 元，实际上湖北库区兴山县乡镇污水处理厂提标改造的吨水增加投资超过 2 万元。而正在进行提标改造的重庆唐家沱城市污水处理厂（设计处理规模 40 万 t/d），吨水增加投资仅 590 元；已完成提标改造的重庆鸡冠石城市污水处理厂（设计处理规模旱季 80 万 t/d、雨季 165 万 t/d），吨水增加投资则只有 370 元。改造完成后的直接运行成本，大型污水处理厂约增加 0.1 元/t，而乡镇污水处理厂（站）则增加 0.5 元/t。

9.3.3 乡镇污水处理设施长效管理机制

党的十九大报告强调，必须树立和践行"绿水青山就是金山银山"的理念，加快水污染防治，坚决打好污染防治的攻坚战。作为乡村振兴战略中"生态宜居"要求的重要内容，乡镇污水处理是必须完成的任务。从三峡库区的探索和创新中，我们针对乡镇污水处理设施的建设和运行，总结提出以下几点建议。

（1）体制先行

三峡库区部分乡镇污水处理设施在工艺选择、规模设计等方面的问题，根本的原因在于早年有关县（区）乡镇各自为政、分散决策、建运脱节甚至建不管运，从而为长期稳定达标运行埋下隐患。小、散、多的乡镇污水处理设施，必须依靠集团化、规模化的管理，才有可能实现专业化、规范化的建设和运行，这是乡镇污水处理的一个基本方向。因此，在大规模的乡镇污水处理设施建设之前，应首先明确后期运行管理的体制机制和责权，才能避免出现建不管运的问题，才能少走弯路、少交学费。

（2）分类定标

从三峡库区来看，点多面广的乡镇污水处理厂（站），最大的环境效益是改变了乡镇污水直排问题、改善了当地群众人居环境，但其对整个三峡水库干流水质的改善作用是很有限的。据调查，库区乡镇污水处理厂（站）实际处理水量仅占城镇污水处理厂处理总水量的 10.55%。总体来看，《重点流域水污染防治规划（2016—2020 年）》要求敏感水域城镇污水处理设施排放标准从一级 B 提高到一级 A，是非常必要的。但鉴于乡镇污水处理厂（站）的功能作用和提标改造的巨大投入，建议对乡镇污水处理厂（站）与城市（县城）大中型污水处理厂的排放标准实行分类管理，以实现区域水环境保护的综合效益最优。

（3）厂网一体

厂网不同步、不配套，是三峡库区乡镇污水处理设施建设中的一个教训。应按照《水污染防治行动计划》的要求，全面加强配套管网建设，新建污水处理设施的配套管网应同步设计、同步建设、同步投运。无论是由县（区）乡镇政府建设还是由第三方专业公司建设，均应尽快建立厂网一体化的运行管理机制，确保配套管网与污水处理厂（站）一道，实现规模化、专业化、规范化运营，同时也可避免出现污水收集与处理脱节、责权不清等问题。

（4）经费共担

乡镇污水处理属于基本公共服务的重要内容。应按照城乡统筹推进基本公共服务均等化的要求，由用户、乡镇、县（区）、省（市）以至中央合理承担相应的支出责任。首先，应按照"污染者付费"的原则，及时开征乡镇污水处理费。其次，中央及有关省（市）应通过按比例或适当补助的方式，对乡镇污水处理设施的建设和运行予以适当支持，并向欠发达地区和重点敏感区域倾斜。总之，应尽快形成以用户付费为基础、中央及省（市）财政适当补助、县（区）财政兜底的经费保障机制，以确保乡镇污水处理设施顺利建成、持续运行并长期发挥效益。

9.4 本章小结

相对于城市水环境的治理在世界范围内已有充足的经验可借鉴，我们需要基于国情探索自己的农村污水治理之路。本章首先针对三峡库区农村生活污水的排放标准进行了分析和讨论，建议未来一定要有农村污水排放的专用标准，且这类标准应该主要针对耗氧物质。其次，本章对三峡库区开展的农村分散式污水处理试点项目进行了梳理，继而运用灰色关联分析法，得到了库区典型的农村生活污水分散处理工艺的优选排序：小型人工湿地、稳定塘、稳定塘+人工湿地、土地渗滤池、曝气生物滤池、沼气净化池。再次，造价低廉、处理效果好、并且维护简便的污水处理工艺，排得靠前一点。借鉴王洪臣教授的观点，建议不要将小型人工湿地处理单元赋予过多的功能；"村巡视、镇维护、县监督"有可能是适合库区农村分散式污水治理的主流管理模式。最后，基于乡镇污水处理设施的建设和运行难度大、成本高，是各地方政府推进水环境保护工作的难点这一背景，本章从政策、建设、成效 3 个方面梳理了库区乡镇污水处理的发展历程；并从工艺设计、配套管网、经费保障 3 个角度分析了影响乡镇污水处理设施长期稳定达标运行的普遍性问题；针对这些问题总结提出了体制先行、分类定标、厂网一体、经费共担的建议。

第 10 章
三峡库区农业面源污染防控 BMPS 框架体系

BMPS 的核心是在污染物进入水体对水环境产生污染前，通过各种经济高效、满足生态环境要求的措施使其得到有效控制（Mpanga et al.，2021）。本章主要想立足三峡库区面源污染实际，根据不同的控制途径，从源头控制、迁移途径阻截、末端治理 3 个方面，构建三峡库区农业面源污染防控的 BMPS 框架体系。本章内容主要源自项目组成员合作发表的论文（孙平 等，2017）。

10.1 基于源头控制的 BMPS

10.1.1 保护性耕作

保护性耕作指通过地表微地形改造技术、地表覆盖及合理种植等综合配套措施，减少农田土壤侵蚀、保护农田生态环境的可持续农业技术（王晓燕 等，2000）。国内学者基于农业面源污染控制，进行了典型小流域层面上的等高耕作（袁东海 等，2002）、少耕免耕（刘世平 等，2005）、梯田建设（和继军 等，2010）、合理轮作（刘沛松 等，2012）和秸秆留茬覆盖（王静 等，2012）等保护性耕作技术的试验研究。已有研究表明，保护性耕作措施对控制面源污染和土壤侵蚀有着积极的作用（高焕文 等，2003）。

坡耕地是三峡库区的主要生产用地，坡度一般为 15°~20°，土层薄，土地退化严重，保水保肥能力差（胡玉法，2009）。三峡库区采取的"坡改梯"等措施取得了较好的水土保持效果，但梯田建设工程量大、造价高、人力物力投入强度大（秦安平，2009）。严冬春等（2010）通过理论推导与模拟试验认识了细沟发生的机制前提，查明了三峡库区降水特征，设计人工降水参数，并在库区坡耕地开展人工降水试验，目前基本查明不同坡面特征下细沟发生的临界坡长，采用横坡截流沟在临界坡长处截断坡面，划分小地块，形成小顺坡，最终提出适合三峡库区的"大横坡＋小顺坡"坡耕地有限顺坡耕作技术模式，该技术的典型设计如图 10-1 所示。

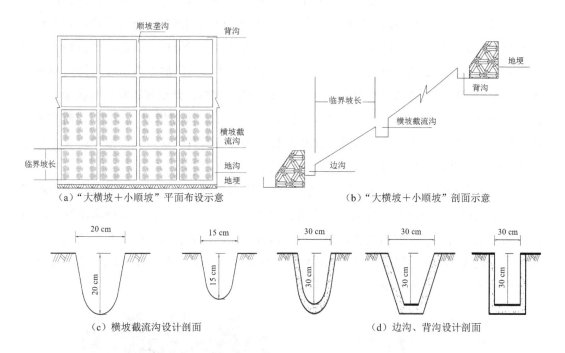

（a）"大横坡＋小顺坡"平面布设示意　　　　（b）"大横坡＋小顺坡"剖面示意

（c）横坡截流沟设计剖面　　　　　（d）边沟、背沟设计剖面

图 10-1　"大横坡+小顺坡"有限顺坡耕作技术典型设计

资料来源：郭劲松．"次级支流污染负荷削减技术研究与示范"课题报告．

根据重庆市忠县水土保持试验站（张怡 等，2013）及野外调查研究表明：水平沟坡耕地对于无措施的坡耕地而言，侵蚀速率降低 62%，具有显著的理水和保土作用（唐春霞，2011）。郭劲松教授团队曾将本技术在三峡库区重庆市的忠县、开县、丰都地区进行过试验研究，以 20 m×33 m（1 亩）地块为例，农村劳动力挖方工资 30 元/m² 计算，他们估算得出了典型区的"大横坡+小顺坡"模式构建成本，见表 10-1。

表 10-1　三峡库区"大横坡+小顺坡"水平沟耕作模式成本　　　　　　单位：元/亩

坡度	10°	15°	20°	25°
紫色土	231	257	310	415
黄壤	205	257	310	415

三峡库区坡耕地是区域内主要的产沙单元，综合以上研究基础，建议根据区域现场条件，选择"坡改梯"或"大横坡＋小顺坡"坡耕地有限顺坡耕作技术模式。

10.1.2 植物篱种植模式

种植植物篱，可以在一定程度上控制水土流失、减缓坡面、改变氮磷污染物在坡面的分布状态，从而达到削减面源污染的作用（Gilley et al.，1997）。研究表明，在坡耕地上种植植物篱，具有显著的生态—经济效益（黎建强 等，2011）。等高固氮植物篱可减少坡耕地地表径流 26%～60%、减少土壤侵蚀 97%以上；等高灌木带可减少径流 30%以上，减少土壤侵蚀 50%以上，增加植被覆盖度 15%～20%；紫穗槐植物篱可减少坡耕地地表径流 66.2%，减少土壤侵蚀 72.2%（孙辉 等，2004）。李建华等（2012）在研究沂蒙山区坡耕花生地垄间不同植草方式对土壤理化性质的影响时发现，垄间植草明显地改良了土壤的理化性质，其中黑麦草的处理效果是最优的。

坡耕地上种植等高植物篱（图 10-2）或修筑坎埂，截短坡长，在农事活动中对坡耕地进行定向深翻，使坡面土壤向下坡传输、堆积，同时坡面土壤颗粒在降水溅蚀和坡面径流的冲刷作用下往下坡向输移，经由植物篱或坎埂对径流流速的降低和径流泥沙的拦蓄，可使径流中携带的泥沙沉积。在这些已有成功示范（蒲玉琳 等，2012）的基础上，三峡库区可以进一步推广植物篱种植模式。

（a）桑树植物篱 （b）蚕豆植物篱

（c）高粱植物篱 （d）鱼腥草植物篱

图 10-2 三峡库区坡耕地上的植物篱

资料来源："次级支流污染负荷削减技术研究与示范"课题成果报告（2009ZX07104-002），http://nwpcp.mee.gov.cn/cgzl/cgbg/201405/t20140513_274581.html.

10.1.3 化肥、农药的合理施用

氮、磷等营养元素流失的一个重要因素是田地中肥料投入量的增加及施肥的不科学性（韩秀娣，2000）。三峡库区种植业的化肥施用量高于全国平均水平，单位面积施肥折纯量为 TN 23.25 t/km^2、TP 20.34 t/km^2，种植业污染负荷总量较高（钟建兵 等，2015），本书第 3 章的分析再次证实了这个结论。因此，化肥、农药的合理施用对于面源污染防控来说非常重要。

有关粮食作物平衡施肥技术的研究已经比较深入（赵广，2014）。为了减少引起面源污染的污染物施用量，库区目前应用的管理措施主要包括测土配方施肥、变量施肥、调整灌溉排水技术、控制地下水位、使用高效低毒低残留非水溶性农药，以及合理安排农药化肥的施用时间等（赵亮 等，2011）。

尽管在施肥技术方面取得了进展，但我们的调查结果表明，在没有农业推广服务指导的情况下，农民在施肥和使用农药的决策中主要是依靠主观经验和来自肥料经销商、以及朋友的建议，这导致了农户氮肥施用过量，以及施肥和农药决策的不稳定性。根据杨晓英等（2015）对我国中东部农民化肥施用行为的观察，有机肥施用的减少和对作物歉收的恐惧使农民陷入了土壤质量恶化、作物产量下降和更多地施用化肥的恶性循环，未来可能会演变为一场农业危机。鉴于已有的研究，考虑到三峡库区农民对农业推广项目偏好的差异性，以及对改变施肥、施药行为存在一定程度的抵制，若要达到有效降低农业面源污染的目标，我们首先需要重视农业推广技术服务能力的建设，其实还应该采用一种纳入农民偏好并强调利益相关者积极参与的综合方法，以确保农业项目更好地与农民合作。

10.2 基于迁移途径阻截的 BMPS

10.2.1 缓冲带

缓冲带（湿地）是与受纳水体邻近、具有一定宽度和植被、在空间上与农田相分割的地带，在截留粗沙颗粒和颗粒吸附物、促进水流下渗、截留黏土及去除可溶性污染物方面具有显著功效（Jon et al.，2005）。王敏等（2010）曾通过构建缓冲带现场试验基地，设计径流流量测定装置，定量分析出了植被缓冲带滞缓径流以及对污染物浓度削减的效果：19 m 长的百慕大缓冲带，径流出水时间是空白对照的 2.46 倍；白花三叶草缓冲带对 NH$_4^+$-N、TN、TP 的总去除率提高了 274%，渗流去除量与径流去除量的比值达到了 2.83。

缓冲带（湿地）建设工程主要应关注三峡水库岸边带、消落带（库区两岸 145～175 m 高程处、冬季淹没、夏季出露）。在适生植物筛选及淹没试验研究的基础上，进行消落带湿地生态系统的培育，通过开展库岸植被缓冲带工程建设、水塘—湿地工程建设，对入库污染物实施拦截、净化，兼以景观改善。相关的规划建设，建议参照并结合《全国湿地保护工程规划》来执行。

例如，重庆大学袁兴中教授团队，针对重庆开州区汉丰湖的芙蓉坝，进行了多功能的湿地设计与建设。他们在芙蓉坝海拔 160～175 m 的消落带区域，构建了多功能林泽—基塘复合系统——在芙蓉坝原位挖泥成塘、堆泥成基。塘的深浅、大小、形状不一：塘深度从 50 cm 至 2 m 不等；塘基宽度为 120～180 cm，塘基高出水面 30～50 cm；塘底部以黏土防渗，上覆壤土。塘底进行了微地形设计，以增加水塘中栖息地的多样性。塘与塘之间设置了潜流式水流通道，以保证基塘系统内部、各塘之间，以及塘与湖水间的水文连通性。环绕塘基栽种耐水淹植物，形成网状林泽。塘基上的木本植物与塘中的水生植物形成一个互利共生和协同进化体系。

10.2.2　植被过滤带

植被过滤带呈带状分布在潜在的污染源与受纳水体之间，能大大降低径流中的氮磷、泥沙和固体悬浮物，其核心设计主要是确定最佳宽度，选择合适的植被及种植方式（李怀恩 等，2006）。模拟研究表明，在进水流量（0.173 L/s）和流速（0.7 m/s）一定的条件下，植被过滤带的宽度对污染物的拦截效果影响较大（申小波，2014）：当植被过滤带宽度分别为 1 m、2 m、3 m 时，植被过滤带对径流的拦截率分别为 32%、51%、69%；对泥沙的拦截率分别为 78%、88%、92%；对总氮的拦截率分别为 65%、75%、84%；对总磷的拦截率分别为 80%、93%、95%。3 种宽度下的泥沙量、总氮量、总磷量均与径流量呈显著线性正相关，即径流量在一定程度上决定了流经植被过滤带后出流的泥沙量、总氮量及总磷量。茎秆密集的草本植被过滤带能有效拦截径流、泥沙、总氮及总磷，对农田水土流失和农业面源污染具有较好的防治效果。另有研究表明，10～15 m 宽的植被过滤带对地表径流中颗粒态氮、颗粒态磷的去除率分别达到 82%、77%（李怀恩 等，2010）；复合植被过滤带较单一植被过滤带具有更好的污染物去除效果和长期有效性（王良民 等，2008）。

植被过滤带成本低廉、效果显著、易于管理，在我国密云水库、官厅水库周边的农业面源污染治理中均有成功应用。针对三峡库区先天不足的脆弱生境，建议在有条件的地方实施植被过滤带防护性工程，以控制 N、P 等养分流失，保护生态环境（蒲玉琳，2013）。

10.3　基于末端治理的 BMPS

10.3.1　人工湿地

人工湿地是一种包含草、林、水、泥、石和其他水生生物等模仿自然的生态系统，占流域面积 1%～5%的湿地足以去除大部分过境污染物（Hey et al.，1994）。朱太涛等（2012）和何丽君等（2012）曾分别研究了垂直流—水平潜流一体化人工湿地、折流式人工湿地对农业面源污染物的去除效果，以及对径流、污废水的净化效果，探析了不同类型人工湿地系统的最佳运行模式。

在三峡库区农村分散式生活污水处理的研究中，已经实践了不少关于人工湿地的试点项目。其主要问题是运行一段时间后会发生堵塞。因此，在人工湿地的运行管理中，一是关注配水均匀，二是定期更换滤料，三是最好将其作为其他处理措施之后的深度处理单元。按照成本低廉、效果稳定、操作简单的原则，可考虑"生物处理+人工湿地"的组合工艺（宋官勇，2013）。

10.3.2　前置库

前置库也叫前置坝、湖内湖、滞留塘、人工内湖或前置塘（黄晶晶 等，2006；刘光德 等，2003；尹澄清 等，2002），是指在上游支流来水进入主水库前修建水坝所形成的小型湖泊水库（戴方喜 等，2006），在国外被称为 Pre-reservoir、Pre-dam、Pre-tank 或 Artificial lagoon（Michele M et al.，2005；甘小泽，2005；杨文龙 等，1998）。前置库的控污机制为：利用水库从上游到下游水质浓度变化的梯度特点，将水库分为一个或若干个子库，与主库相连，通过延长水力停留时间，使泥沙和吸附在泥沙上的污染物质在子库沉降，同时利用子库中大型水生植物进一步吸收、吸附、拦截营养盐，从而抑制主库中藻类过度繁殖，减缓富营养化进程，改善主库水质（李彬 等，2008）。

按照 Benndorf 的观点，经典前置库的示意如图 10-3 所示。在前置库中，水流首先进入预沉池，由于挡板和溢流板的作用，泥沙和颗粒物在初沉池内得以充分沉淀，然后进入主反应区。在主反应区内，氮磷与有机物会被加速地去除。主反应区的有效深度一般都小于 3 m，深度大于 3 m 时微生物作用减弱，特别是磷的去除能力显著降低（Klaus Pütz. Jürgen Benndorf，1998）。

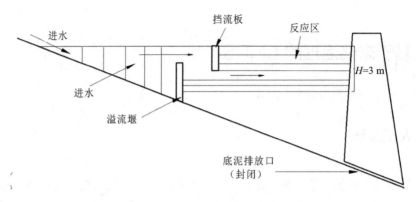

图 10-3　典型前置库示意（李彬 等，2008）

前置库技术可因地制宜地进行水污染治理，对拦截入库泥沙也能起到至关重要的作用。该技术已应用于太湖流域（赵俊杰，2005）、滇池流域（张仁锋，2009）、深圳茜坑水库（赵双双，2011）、三峡库区（秦明海，2012）的面源污染控制中，在控制敏感水体富营养化方面效果显著。

三峡蓄水在开州境内形成了 45 km² 的消落带，建于 2012 年的汉丰湖，其实就是为了解决该消落带产生的环境问题而修建的前置库。项目利用水位调节坝工程拦蓄减少了消落区范围，并形成了前置水库（汉丰湖）的平湖景观。同时，结合新城亲水环境的需要，在前置水库周边配套建设了沿岸生态防护林、湿地及多塘系统、敞水区动植物措施等生态工程。

杨兵（2017）的研究表明：2015 年汉丰湖试运行期间，其水文水质有 4 个特征变化时期：5—8 月为河流形态期，1 月、3 月、11—12 月为湖泊形态期，2 月、4 月、9 月为水位变动期，10 月为水华敏感期。湖内 Chl-a 年平均削减率为 57.73%，高锰酸盐指数年平均削减率为 28.12%。SRP、TP、TN、TSS、NO_2^--N、DN、DP 的年平均削减率为 20.15%～22.81%，NH_4^+-N、NO_3^--N 的年平均削减率为 16.92%～18.74%，水体年平均富营养化指数降低 15.74%。1—3 月、10—12 月高水位湖泊形态期各污染物指标的削减率高于 5—8 月河流形态期。总体来说，作为三峡前置库，汉丰湖较好地发挥了对水体富营养化的削减调控作用。

10.3.3　畜禽养殖污染防控

在三峡后续建设过程中，库区畜禽养殖业得到了迅速发展，并成为解决移民就业和增收的手段之一。畜禽养殖的规模不断增大，集约化程度越来越高，在增收的同时也给库区的水环境造成了威胁。正如第 3 章 "三峡库区农业面源污染现状评估" 中的结论所述，畜禽养殖是库区农业面源污染排放中贡献排第二的单元。过滤带和放牧方式是影响牧区总氮和总磷流失最重要的 BMPS（Chaubey，2010）。为了防控库区的畜禽养殖污染，需要加强环保部门与农业部门之间的合作伙伴关系，对畜禽养殖业合理布局，将环境约束论证纳入养殖业的发展规划。遵循减量化、资源化、无害化的原则，对于大型牲畜的养殖，由追求"吨位"向"品位"转变，以养殖少量高附加值品种替代大量普通品种；根据循环经济的原理，优先选择综合利用路线，通过农牧结合等资源化路径消纳养殖的污染物，并可开展养殖业的合同环境服务创新模式，调动环境服务商对完善治理技术，拓宽资源化产品销路的积极性，促进敏感流域养殖污染防治的可持续性。

10.4　农业面源污染 BMPS 体系框架集成

10.4.1　管理体系建设

三峡库区面源污染防控的 BMPS，受地理条件、社会经济、政府支持、农民意愿等诸多不确定性因素的影响，它的建设实践需要有完善的管理体系作为指导。国外的 BMPS 历经多年的推广，有大量理论和实地监测、实施数据的支撑，已经形成了较为成熟的 BMPS 应用指南系统（Claude，2003）。经验表明，通过立法、政策、科研和培训等不同层次不同方式，建立一套组织机构、财政经费、技术指导、项目管理、监测评价、效果评估等方面的完整体系，可以对流域面源污染控制措施的规划起到较好的指导作用（孙棋棋 等，2013）。

未来应基于 BMPS 建设与实施，加强三峡库区面源污染防控的相关体系和制度研究。学习先进国家控制农业面源污染的经验，法律法规先行，政府主导，多元共治，重视技术研发和农民教育，设计激励型政策作为强制型政策的有效补充。

10.4.2　措施研发集成

与单一措施相比，多种类型的 BMPS 组合可显著减少面源污染物质输出负荷（Lam et al.，2011）。相对于源头控制，我国在迁移途径控制的 BMPS 研究上还相对薄弱（孙棋棋 等，2013）。因此，对三峡库区来说，今后的研究应结合污染物特质与库区的水环境特征，重点以子流域为单元，探寻费效比低的 BMPS 的优化组合。例如，先以与大流域具有相近背景特征的箐林溪典型小流域为研究对象，研发集成坡面植物篱、冲沟截留和岸边缓冲带等面源污染过程阻断技术，建立基于迁移途径控制的面源污染综合防控技术体系。对局部地区实践中效果较好的 BMPS 组合方案，可通过景观格局分析与尺度转换，推广到更大的尺度加以应用。

针对三峡库区小流域产沙与面源污染物直接入库危害大，小流域水土保持与面源污染治理成本高等问题，我们基于实地调研和文献梳理，并借鉴郭劲松团队"国家水体污染控制与治理重大科技专项"的相关成果（"次级支流污染负荷削减技术研究与示范"课题报告），研究集成相关污染减控措施，构建了三峡库区小流域水土保持与面源污染减控技术体系（图 10-4），其内容包括"坡耕地微地形改造"—"坡面生态沟渠+人工湿地控制水土流失和面源污染技术"—"库岸坡脚缓冲带污染减控与庇护固土技术"，力争从源头控制、迁移途径阻截、末端治理 3 个层面减少入库泥沙与面源污染负荷。

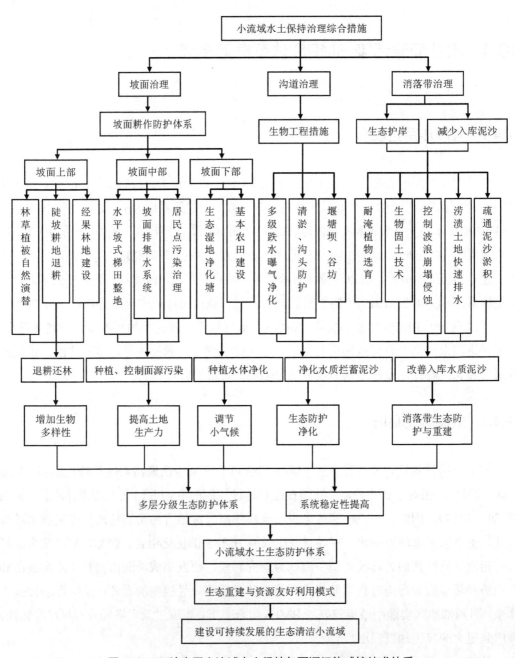

图 10-4　三峡库区小流域水土保持与面源污染减控技术体系

10.5　本章小结

　　本章立足三峡库区面源污染实际，从源头控制、迁移途径阻截、末端治理 3 个方面，探讨了三峡库区农业面源污染防控的 BMPS 框架体系。基于源头控制的 BMPS 为：根据区域现场条件，选择"坡改梯"或"大横坡＋小顺坡"坡耕地有限顺坡耕作技术模式；推广植物篱种植模式；重视农业推广技术服务能力的建设，推广平衡施肥技术。基于迁移途径阻截的 BMPS 包括培育消落带湿地生态系统、建设库岸植被缓冲带工程和植被过滤带防护性工程。基于末端治理的 BMPS 有：采用"生物处理+人工湿地"的组合工艺处理农村分散式生活污水；采用前置库技术；优先选择综合利用路线消纳养殖的污染物，开展养殖业的合同环境服务创新模式。

　　在 BMPS 管理体系建设方面，建议法律法规先行，政府主导，多元共治，重视技术研发和农民教育，设计激励型政策作为强制型政策的有效补充。最后针对三峡库区小流域产沙多、水土保持与面源污染治理成本高等问题，研究集成了三峡库区小流域水土保持与面源污染减控技术体系。

第 11 章
结论与建议

11.1 研究结论

本书的主要研究结论如下。

第一，单元调查法分析表明，2008—2018 年，三峡库区农业面源的 TN 排放量波动降低，年均排放量为 39 770.55 t；TP 排放量波动上升，年均排放量为 8 795.23 t。农田化肥和畜禽养殖是最主要的贡献单元。

各区（县）的 TN 和 TP 年均排放量分别在 374～6 046 t 和 105～1 267 t。开州、丰都分别是农田化肥污染、畜禽养殖污染最严重的区（县）。库区 TN 排放强度、畜禽养殖与农村生活单元的 TN、TP 排放强度均存在显著的"倒 U 型"EKC 关系，目前已跨越拐点。农田化肥 TP 排放强度、水产养殖与农田固体废弃物单元的 TN、TP 排放强度呈现显著的"直线型"EKC 关系，处于与经济同步增长的阶段。

第二，以耕地较多，农业活动强烈的开州箐林溪小流域作为典型研究区，通过实地调查、监测点站设置、遥感影像处理和信息提取、空间分析、水文分析、土壤侵蚀、面源污染的迁移模拟，参数标定等，初步建立了基于"3S"的农业面源污染动态监测可视化管理平台。该平台在开州多个部门得以成功应用，被认为在库区具有一定的推广潜力。

第三，对箐林溪流域 12 个采样点 4 个季度的水样，以及一个生猪养殖场粪便的样品进行了分析，发现流域的水质物化指标基本合格，没有重金属污染。水样中病原微生物的检出与人口密度、温度的相关性高，但绝对数量很低，且无"两虫"检出，水样的致病风险不高。养殖场粪便样品几乎所有待测病原菌均有检出，丰度较高，且不随季节波动变化，"两虫"指标中的贾第鞭毛虫也有检出（8 月、10 月样品）。可见，养殖场是该流域主要的病原微生物污染源，应将其作为重点防控区域，在周围建立污水净化措施，进一步保障流域的微生物安全。

第四，以三峡库区养牛大县——丰都县为例，通过调查访谈，分析了肉牛养殖与粪尿处理方式的特点，并以此为依据设置了 4 种情景，分别探讨耕地畜禽粪便负荷、N 负荷、P 负荷约束下肉牛养殖的环境承载力，发现耕地 P 负荷是约束最紧的指标。肉牛养殖的环境承载力随着规模化饲养污染资源化能力和资源化产品外销能力的提高而增加。当不入田的牛粪量分别为 0、13%、30%、50%时，肉牛养殖的阈值数量相应分别为 26.2 万头、30.1 万头、37.4 万头、52.4 万头。

第五，运用参与式评估法，对云阳盘龙镇、涪陵南沱镇、秭归茅坪镇（以前均做过面源防治试点）的村民和开州箐林溪流域（以前未做过试点）的村民开展了问卷调查。我们发现，农民的施肥决策依据迥异，并不基于产量、利润或社会效益的系统优化。相对施肥或施农药是否费力，受访者更关心肥料和农药的价格与效果。开展过面源污染防治试点项目的地区，农民对农田化肥污染的认知与防控实践能力相对好一点，说明以前的试点建设取得了一定成效。但农民对于最佳管理措施的知识相对匮乏，与已经专门用于此项研究的巨大投资，依然形成了鲜明对比。

云阳、涪陵、秭归修沼气池的受访者比例明显高于开州。目前，沼气池没有正常使用的占 20.8%。原因主要为损坏了没人修、无原料。对于生活饮用水，使用自来水的占 40.5%，使用井水的占 24.9%。认为水质一般或较差的比例，开州高于其他 3 个区（县）。70%的农户仍使用传统旱厕。超过 50%的开州、秭归农户将生活污水直接排入沟渠。农民对用水的期望主要包括提高水质（58%）、提高方便程度（17%）、用上自来水（25%）。

77.1%的受访者愿意为农村污水处理支付一定费用。开州、涪陵、秭归的农户愿意支付的比例较高，而云阳却很低。不愿意的原因主要有两个：一是家里没钱、生活负担重（78.9%），二是希望政府解决（21.1%）。愿意支付的农民，他们的支付意愿表现出显著的区域差异，并与家庭耕地面积呈显著负相关，其均值约为 50 元/（户·a）。

第六，运用灰色关联分析法，分析出库区典型的农村生活污水分散处理工艺的优选排序为小型人工湿地、稳定塘、"稳定塘+人工湿地"、土地渗滤池、曝气生物滤池、沼气净化池。小型人工湿地处理单元不宜赋予过多的功能，"村巡视、镇维护、县监督"可能是适合库区农村分散式污水治理的主流管理模式。库区的乡镇污水处理在工艺设计、配套管网、经费保障方面存在着影响设施长期稳定达标运行的普遍性问题，针对这些问题总结提出了相关建议。

第七，从源头控制、迁移途径阻截、末端治理 3 个方面探讨了三峡库区农业面源污染防控的 BMPS 框架体系。基于源头控制的 BMPS 为：根据区域现场条件，选择"坡改梯"或"大横坡＋小顺坡"坡耕地有限顺坡耕作技术模式；推广植物篱种植模式；重视农业推广技术服务能力的建设，推广平衡施肥技术。基于迁移途径阻截的 BMPS 包括培育消落带湿地生态系统；建设库岸植被缓冲带工程和植被过滤带防护性工程。基于末端治理的 BMPS 有：采用"生物处理+人工湿地"的组合工艺处理农村分散式生活污水；采用前置库技术；优先选择综合利用路线消纳养殖的污染物。最后针对三峡库区小流域产沙多、水土保持与面源污染治理成本高等问题，研究集成了三峡库区小流域水土保持与面源污染减控技术体系。

11.2　政策建议

第一，将开州、丰都、涪陵、江津、万州、奉节和夷陵，作为三峡库区农业面源污染重点防控的区域。着重升级农田化肥单元的污染防控能力，以配套推进农村人居环境的改善，促进区域氮、磷减排。

第二，可将箐林溪流域基于"3S"的农业面源污染动态监测可视化管理平台，在三峡库区更多的小流域进行推广和应用。

第三，将三峡库区生态屏障区内的养殖场作为重点防控区域，在周围建立污水净化措施，进一步保障流域的微生物安全。

第四，建议三峡库区优先选择综合利用路线，通过农牧结合、制有机肥外售等方式实现养殖业的污染物资源化。同时，建议加强环保部门与农业部门之间的合作伙伴关系，将环境约束论证纳入养殖业发展规划，对肉牛等大型牧畜的养殖，由追求"吨位"向"品位"转变，以养殖少量高附加值品种替代大量普通品种。开展养殖业的合同环境服务创新模式，并将施化肥的空间更多地腾让给有机肥，促进敏感流域养殖污染防治的可持续性。

第五，从相关利益者的角度，教育、技术援助和费用分摊可能是促进农民采用 BMPS 的有效政策工具。例如，包括精准施肥在内的农业技术推广服务能力建设、化肥知识传播和培训教育（如底肥的合适施用量）、减少化肥施用量和安全返还的农作物保险方案。另外，建议当地政府增强公共服务的均等化，每年统筹安排包括旧沼气池在内的农村污染处理设施的维护和修复计划项目，从而增强面源防控工程建设资金投入的有效性和农户使用设施的积极性。

第六，三峡库区农村分散式污水治理的管理，宜采取"村巡视、镇维护、县监督"的模式。库区乡镇污水处理设施的长期稳定运行，需要体制先行、分类定标、厂网一体、经费共担。

第七，三峡库区农业面源污染的防控，应采用"源头控制—迁移途径阻截—末端治理"多级联控的 BMPS 技术体系。在 BMPS 管理体系建设方面，建议法律法规先行，政府主导，多元共治，重视技术研发和农民教育，设计激励型政策作为强制型政策的有效补充。

参考文献

Abbott M B，Bathurst J C，Cunge J A，et al. Introduction to the European Hydrological System—Systeme Hydrologique European，"SHE"，1：History and philosophy of a physically-based，distributed modelling system[J]. Hydrol，1986，87（1-2）：45-59.

Abdelwahab O M M，Bingner R L，Milillo F，et al. Evaluation of alternative management practices with the AnnAGNPS model in the Carapelle Watershed[J]. Soil Science，2016，181（7）：1.

Alice N P. Integrated crop-livestock management systems in sub-saharan Africa[J]. Environment，Evelopment and Sustainability，1999，1（3-4）：337-348.

Amy M B，Charles H，Alexandria K G，et al. Sources of fecal pollution in Virginiap's Blackwater River[J]. Journal of Environmental Engineering，2003，129（6）：547-552.

Arellanes P，Lee D R. The determinants of adoption of sustainable agriculture technologies：evidence from the hillsides of honduras[C]//2003 Annual Meeting，August 16-22，2003，Durban，South Africa. International Association of Agricultural Economists，2003.

Bara，Bego，Erindi，et al. Report of a shigella flexner outbreak as a direct effect of the contamination of drinking water in Southeastern Albania[J]. Epidemiology，2006，17（6）.

Bicknell B R，Imhoff J C，Kittle J L，et al. Hydrological simulation program-fortran user's manual for release. http:/www.epa.gov/waterscience/basins/bsnsdocs，1996.

Blake G，Sandler H A，Coli W，et al. An assessment of grower perceptions and factors influencing adoption of IPM in commercial cranberry production[J]. Renewable Agriculture & Food Systems，2007，22（2）：134-144.

Bradley C R. The influence of canopy green vegetation fraction on spectral measurements over native tallgrass prairie[J]. Remote Sensing of Environment，2002，81（1）：129-135.

Cabrera V E，Stavast L J，Baker T T，et al. Soil and runoff response to dairy manure application on New Mexico rangeland[J]. Agriculture，Ecosystems & Environment，2009，131（3-4）：255-262.

Carpenter S R，Caraco N F，Correll D L，et al. Nonpoint pollution of surface waters with phosphorus and nitrogen[J]. Ecological Applications，1998，8（3）：559-568.

Caruso B S，et al. Comparative analysis of New Zealand and US approaches for agricultural nonpoint source pollution management[J]. Environmental Management，2000，25（1）：9-22.

Chaubey I，Chiang L，Gitau M W，et al. Effectiveness of best management practices in improving water quality in a pasture-dominated watershed[J]. Journal of Soil and Water Conservation，2010，65：424-437.

Chen J L，Li G S，Wu S J. Assessing the potential of support vector machine for estimating daily solar radiation using sunshine duration[J]. Energy Conversion and Management，2013（75）：311-318.

Chen J L，Li G S，Xiao B B，et al. Estimation of monthly-mean global solar radiation using MODIS atmospheric product over China[J]. Journal of Atmospheric and Solar-Terrestrial Physics，2014，110，63-80.

Classen R，Cattaneo A，Johansson R. Cost-effective design of agri-environmental payment programs：U.S. experience in theory and practice[J]. Ecological Economics，2008，65（4）：737-752.

Claude E B. Guidelines for aquaculture effluent management at the farm-level[J]. Aquaculture，2003，226：101-112.

Crawford N H，Linsley R K. Digital simulation in hydrology：stanford watershed model Ⅳ[J]. Stanford，California：Dept Civil Engineering，Stanford university，1996，39：210.

Cruse，Richard M，et al. Evaluating ephemeral gully erosion impact on Zea mays L. yield and economics using AnnAGNPS[J]. Soil & Tillage Research，2016，155：157-165.

Daniel T C，Sharpley A N，Edwards D R，et al. Minimizing surface water eutrophication from agriculture by phosphorus management[J]. Soil Science Society of America Journal，1994，155：1079-1100.

ECOTEC. Study on the economic and environmental implications of the use of environmental taxes and charges in the European Union and its member states. Final，Report. ECOTEC Research and Consulting，Brussels，Belgium，2001.

Edwards A C，Withers P J A. Soil phosphorus management and water quality：a UK perspective[J]. Soil Use & Management，2010，14（s4）：124-130.

Falkinham J O，Hilborn E D，Arduino M J，et al. Epidemiology and ecology of opportunistic premise plumbing pathogens：Legionella pneumophila，Mycobacterium avium，and Pseudomonas aeruginosa[J]. Environ. Health. Perspect，2015，123：749-758.

Flanagan D C，Foster G R. Storm pattern effect on nitrogen and phosphorus losses in surface runoff[J]. Transactions of the Asae，1989，32（2）：535-544.

Fu Q，Yin C Q，Ma Y. Phosphorus removal by the multipond system sediments receiving agricultural drainage in a headstream watershed[J]. Journal of Environmental Sciences，2005，17（3）：404-408.

Gerber P，Chilonda P，Franceschini G，et al. Geographical determinants and environmental implications of livestock production intensification in Asia[J]. Bioresource Technology，2005，96（2）：263-276.

Gilley J E，Doran J W. Tillage effects of soil erosion potential and soil quality of a former conservation reserveprogram site[J]. Journal of Soil and Water Conservation，1997，52：184-188.

Grant J，Wendelboe A M，Wendel A，et al. Spinach-associated Escherichia coli O157：H7 Outbreak，Utah and New Mexico，2006[J]. Emerging Infectious Diseases，2008，14（10）：1633-1636.

Grossman G M，Krueger A B. Environmental Impacts of a North American Free Trade Agreement[R]. Cambridge，MA：National Bureau of Economic Research，1991.

Hanley N. Policy on agricultural pollution in the EU[M]//Shortle J S，Abler D G.Environmental Policies for Agricultural Pollution Control. Oxford of UK：C.A.B International，2001.

Henderson F M, Jr T F H, Orlando L, et al. Application of C-CAP protocol land-cover data to nonpoint source water pollution potential spatial models in a coastal environment: remote sensing and GIS for hazards[J]. Photogrammetric Engineering & Remote Sensing, 1998, 64 (10): 1015-1020.

Hey D L, Barrett K R, Biegen C. The hydrology of fourexperimental constructed marshes[J]. Ecological Engineering, 1994, 3: 319-343.

Jon E S, Karl W J W, James J Z. Nutrient in agriculturalsurface runoff by riparian buffer zone in southern Illinois, USA[J]. Agroforestry Systems, 2005, 64: 169-180.

Karki R, Tagert M L M, Paz J O, et al. Application of AnnAGNPS to model an agricultural watershed in East-Central Mississippi for the evaluation of an on-farm water storage (OFWS) system[J]. Agricultural Water Management, 2017, 192: 103-114.

Klaus Pütz. Jürgen Benndorf. The importance of pre-reservoirs for the control of eutrophication of reservoirs[J]. Wat Sci Tech., 1998, 37 (2): 317-324.

Lam Q D, Schmalz B, Fohrer N. The impact of agricultural best management practices on water quality in a North German lowland catchment[J]. Environmental Monitoring and Assessment, 2011, 183: 351-379.

Lemunyon J L, Gilbert R G. The concept and need for a phosphorus assessment tool[J]. Journal of Production Agriculture, 1993, 6 (4): 483.

Liang S L, Fang H L, Chen M Z. Atomspheric correction of landsat ETM+ land surface imagery Methods[J]. IEEE Transactions on Geoscience and Remote Senseing, 2001, 39 (11): 2490-2498.

MacDonald D H, Connor J, Morrison M. Economic instruments for managing water quality in New Zealand.CSIRO Land and Water, 2004. Folio No: S/03/1393.

Mccool D K, Foster G R, Weesies G A. Slope length and steepness Factors (LS)[Z]. United States Department of Agriculture, Agricultural Research Service (USDA-ARS) handbook, 1997, 703.

Michele M, Giuliano C, Fabio B, et al. River pollution from non-point sources: a new simplified method of assessment[J]. Journal of Environmental Management, 2005, 77: 93-98.

Ministry of Agriculture and Forestry. In brief-agriculture, forestry and horticulture[R]. New Zealand Government IBBN 0 478 07669 X, 2003.

Moreno G, Sunding D. Simultaneous estimation of technology adoption and land allocation, paper prepared for presentation at the American Agricultural Economics Association Annual Meeting[R], 2003.

Mpanga Isaac K, Idowu Omololu John. A Decade of irrigation water use trends in southwestern USA: the role of irrigation technology, best management practices, and outreach education programs[J]. Agricultural Water Management Volume, 2021, 243: 106438.

Natalie A, Ross S, Cliff D. Airborne reduced nitrogen: ammonia emissions from agriculture and other sources[J]. Environment International, 2003, 29 (2-3): 277-286.

Neitsch S L, Kiniry J G, Williams J R. Soil and water assessment tool: theoretical documentation, version 2009[M]. Texas Water Resources Institute, 2009.

Oenema O, Van Liere E, Plette S, et al. Environmental effects of manure policy options in the Netherlands[J]. Water Science and Technology, 2004, 49: 101-108.

Panayotou T. Empirical tests and policy analysis of environmental degradation at different stages of economic development[R]. ILO Working Papers 992927783402676，International Labour Organization，1993.

Payne J，Fernandez-Cornejo J，et al. Factors affecting the likelihood of corn rootworm at seed adoption，paper prepared for presentation at Western Agricultural Ecnomics Association Annual Meeting，2003.

Ritter W F，Agricultural nonpoint source pollution：watershed management and hydrology[EB/OL]. Los Angeles：CRC Press LLC，2001：136-158. DOI：10.1201/9781420033083.ch2.

Samadpour M，Stewart J，Steingart K，et al. Laboratory investigation of an E. coli O157：H7 outbreak associated with swimming in Battle Ground Lake，Vancouver，Washington[J]. Journal of Environmental Health，2002，64.

Samiee A，Rezvanfar A，Faham E. Factors influencing the adoption of integrated pest management（IPM）by wheat growers in Varamin County，Iran[J]. African Journal of Agricultural Research，2009，4（5）：491-497.

Schmalz B，Fohrer N. Comparing model sensitivities of different landscapes using the ecohydrological SWAT model[J]. Advances in Geosciences，2009，21（22）：91-98.

Sheriff G. Efficient Waste? Why farmers over-apply nutrients and the implications for policy design[J]. Review of agricultural economics，2005，27（4）：542-557.

Slomp C P. Phosphorus cycling in the estuarine and coastal zones：sources，sinks，and transformations[J]. Treatise on Estuarine and Coastal Science，2011，5：201-229.

Smith K A，Chalmers A G，Chambers B J，et al.Organic manure phosphorus accumulation，mobility and management[J]. Soil Use & Management，1998，14（1）：154-159.

Snyder J K，Woolhiser D A.Effect of infiltration on chemical transport into overland flow[J]. Transaction of the ASAE，1985，28：1450-1457.

USDA（United States Department of Agriculture Soil Conservation Service）. Urban hydrology for small watersheds：Technical Release 55[R]. Colorado：water Resources Publication，1986.

USDA-SCS（Department of Agriculture，Soil Conservation Service）. National engineering handbook：Section 4：hydrology. Washington，DC：Soil Conservation Service，USDA，1985：13-24.

Villamizar M L，Brown C D. Modelling triazines in the valley of the River Cauca，Colombia，using the annualized agricultural non-point source pollution model[J]. Agricultural Water Management，2016，177：24-36.

Wang H，Edwards M，Falkinham JO，et al. Molecular survey of the occurrence of *Legionella* spp.，*Mycobacterium* spp.，Pseu- domonas aeruginosa，and amoeba hosts in two chloraminated drinking water distribution systems[J]. Appl. Environ. Microbiol，2012，78：6285-6294.

Wen Z F，Shao G F，Mirza Z A，et al. Restoration of shadows in multispectral imagery using surface reflectance relationships with nearby similar areas. IJRS，2015，36（16）：4195-4212.

Williams J R. Sediment routing for agricultural watersheds1[J]. JAWRA Journal of the American Water Resources Association，1975，11（5）：965-974.

Williams J R. Sediment-yield prediction with universal equation using runoff energy faetor[R]. Present and Prospective Technology for predicting sediment yields and sources. Proc.of sediment-yield workshop. USDA，Qxford，MI，1975.

Yang X Y，Fang S B，Lant C L，et al. Overfertilization in the economically developed and ecologically critical Lake Tai region，China[J]. Human Ecology，2012，40：957-964.

Yang X Y，Fang S B. Practices，perceptions，and implications of fertilizer use in East-Central China[J]. Ambio，2015，44：647-652.

Young R A，Onstad C A，Bosch D D，et al. AGNPS：a nonpoint-source pollution model for evaluating agricultural watersheds[J]. Journal of Soil & Water Conservation，1989，44（2）.

Zhang X C，Norton L D，Hickman M. Rain pattern and soil moisture content effects on atrazine and metolachlor losses in runoff[J]. Journal of Environmental Quality，1997，26（6）：1539-1547.

白静. 基于 AnnAGNPS 模型的小流域土地利用最佳管理措施研究[D]. 太原：山西大学，2014.

卞有生，金冬霞. 规模化畜禽养殖场污染防治技术研究[J]. 中国工程科学，2004，6（3）：53-58.

蔡崇法，丁树文，史志华，等. 应用 USLE 模型与地理信息系统 IDRISI 预测小流域土壤侵蚀量的研究[J]. 水土保持学报，2000，14（2）：19-24.

蔡金洲，范先鹏，黄敏，等. 湖北省三峡库区农业面源污染解析[J]. 农业环境科学学报，2012（7）：1421-1430.

曹国璠，龚军，梁永松，等. 贵州农业面源污染防治及可持续发展对策[J]. 农业环境科学学报，2007，26（B10）：469-472.

曹建民，霍灵光，张越杰. 日本肉牛产业政策的经济分析与启示[J]. 中国农村经济，2011（3）：91-96.

曹杰. 人工湿地对农村生活污水的处理效果研巧[D]. 杭州：浙江大学，2007.

柴世伟，裴晓梅，张亚雷，等. 农业面源污染及其控制技术研究[J]. 水土保持学报，2006（6）：192-195.

陈吉龙. 重庆市三峡库区植被覆盖度的遥感估算及动态变化研究[D]. 重庆：西南大学，2010.

陈吉龙，何蕾，温兆飞，等. 辽河三角洲河口芦苇沼泽湿地植被固碳潜力[J]. 生态学报，2017，37（16）：5402-5410.

陈磊，沈珍瑶. 流域非点源污染优先控制区识别方法及应用[M]. 北京：中国环境出版社，2014.

陈利顶，傅伯杰，徐建英，等. 基于"源—汇"生态过程的景观格局识别方法——景观空间负荷对比指数[J]. 生态学报，2003（11）：2406-2413.

陈利顶，傅伯杰. 农田生态系统管理与非点源污染控制[J]. 环境科学，2000（2）：98-100.

陈敏鹏，陈吉宁，赖斯芸. 中国农业和农村污染的清单分析与空间特征识别[J]. 中国环境科学，2006，26（6）：751-755.

陈善荣，何立环，林兰钰，等. 近 40 年来长江干流水质变化研究[J]. 环境科学研究，2020，33（5）：1119-1128.

陈雁玲. 折流曝气生物滤池处理小城镇污水的试验研究[D]. 重庆：重庆大学，2012.

陈云浩，冯通，史培军，等. 基于面向对象和规则的遥感影像分类研究[J]. 武汉大学学报（信息科学版），2006（4）：316-320.

戴方喜，许文年，刘德富，等. 对构建三峡库区消落带梯度生态修复模式的思考[J]. 中国水土保持，2006（1）：34-36.

丁恩俊. 三峡库区农业面源污染控制的土地利用优化途径研究[D]. 重庆：西南大学，2010.

丁晓雯，沈珍瑶，刘瑞民，等. 基于降雨和地形特征的输出系数模型改进及精度分析[J]. 长江流域资源与环境，2008（2）：306-309.

杜军，张宏华，李劲松. 三峡库区重庆段富营养化物质氮磷污染负荷比较研究[J]. 重庆交通学院学报，2004，23（1）：121-125.

段勇，张玉珍，李延凤，等. 闽江流域畜禽粪便的污染负荷及其环境风险评价[J]. 生态与农村环境学报，2007，23（3）：55-59.

范先鹏，熊桂云，张敏敏，等. 湖北省三峡库区农村生活污水发生规律与水质特征[J]. 湖北农业科学，2011（24）：5079-5083.

方松海，孔祥智. 农户禀赋对保护地生产技术采纳的影响分析——以陕西、四川和宁夏为例[J]. 农业技术经济，2005（3）：35-42.

丰都县农业局. 丰都县耕地地力评价报告[R]. 2008.

丰都县统计局. 丰都县 2014 年统计年鉴[R]. 2015.

冯琳，孙平，李丁，等. 三峡库区肉牛养殖环境承载力研究[J]. 水生态学杂志，2016，3（37）：26-33.

冯琳，徐建英，邸敬涵. 三峡生态屏障区农户退耕受偿意愿的调查分析[J]. 中国环境科学，2013，33（5）：938-944.

冯琳，闫阳雨，杜彦霖，等. 乡镇污水处理设施建设运行研究——以三峡库区为例[J]. 环境保护，2018，46（1）：54-57.

冯琳，张婉婷，张钧珂，等. 三峡库区面源污染的时空特征及环境库兹涅茨曲线分析[J]. 中国环境科学，2022.DOI：10.19674/j.cnki.issn1000-6923.20220303.001.

傅涛，倪九派，魏朝富，等. 雨强对三峡库区黄色石灰土养分流失的影响[J]. 水土保持学报，2002（2）：33-35，83.

甘小泽. 农业面源污染的立体化消减[J]. 农业环境科学学报，2005，15（5）：34-37.

高焕文，李问盈，李洪文. 中国特色保护性耕作技术[J]. 农业工程学报，2003，19（3）：1-4.

葛继红，周曙东. 农业面源污染的经济影响因素分析——基于 1978—2009 年的江苏省数据[J]. 中国农村经济，2011（5）：72-81.

葛继红. 江苏省农业面源污染及治理的经济学研究——以化肥污染与配方肥技术推广政策为例[D]. 北京：经济管理出版社，2015.

国辉，袁红莉，耿兵，等. 牛粪便资源化利用的研究进展[J]. 环境科学与技术，2013，36（5）：68-75.

国家环境保护总局. 全国规模化畜禽养殖业污染情况调查及防治对策[M]. 北京：中国环境科学出版社，2002，25：77-78.

韩洪云，杨曾旭，蔡书楷. 农业面源污染治理政策设计与选择研究[M]. 杭州：浙江大学出版社，2014.

韩洪云，杨增旭. 农户农业面源污染治理政策接受意愿的实证分析——以陕西眉县为例[J]. 中国农村经济，2010（1）：45-52.

韩竞一，金书秦. 我国农村地区畜禽粪便资源化利用现状及对策研究[J]. 经济研究参考，2013（43）：47-50.

韩喜平，谢振华. 浅析农户行为与环境保护[J]. 中国环境管理，2000（6）：27-28.

韩秀娣. 最佳管理措施在非点源污染防治中的应用[J]. 上海环境科学，2000，19（3）：102-104，128.

何浩然，张林秀，李强. 农民施肥行为及农业面源污染研究[J]. 农业技术经济，2006（6）：2-10.

何丽君，马邕文，万金泉，等. 新型人工湿地对工业区降雨径流的净化研究[J]. 环境科学，2012，33（3）：817-824.

何忠伟，刘芳，白凌子，等. 国外肉牛、肉羊补贴政策特点与借鉴[J]. 世界农业，2014，（4）：95-98.

和继军，蔡强国，王学强. 北方土石山区坡耕地水土保持措施的空间有效配置[J]. 地理研究，2010，29（6）：1017-1026.

洪华生，黄金良，曹文志. 九龙江流域农业非点源污染机理与控制研究[M]. 北京：科学出版社，2008.

侯孟阳，姚顺波. 异质性条件下化肥面源污染排放的 EKC 再检验——基于面板门槛模型的分组[J]. 农业技术经济，2019（4）：104-118.

侯伟，许新勇，廖晓勇，等. SWAT 模型在三峡库区典型小流域的适应性研究[J]. 西藏大学学报（自然科学版），2016，31（2）：102-109.

胡宏. 万州区农村面源污染调查研究[D]. 重庆：重庆三峡学院，2017.

胡雪飙. 重庆市畜禽养殖区域环境承载力研究及污染防治对策[D]. 重庆：重庆大学，2006.

胡玉法. 长江流域坡耕地治理探讨[J]. 人民长江，2009，40（8）：72-75.

黄慧萍. 面向对象影像分析中的尺度问题研究[D]. 北京：中国科学院研究生院（遥感应用研究所），2003.

黄季焜，陈庆根，王巧军. 探讨我国化肥合理施用结构及对策——水稻生产函数模型分析[J]. 农业技术经济，1994（5）：36-40.

黄晶晶，林超文，陈一兵，等. 中国农业面源污染的现状及对策[J]. 安徽农学通报，2006，12（12）：47-48.

黄静玮，汪铭书，程安春. 沙门氏菌分子生物学研究进展[J]. 中国人兽共患病学报，2011（7）：649-652.

黄满湘，章申，唐以剑，等. 模拟降雨条件下农田径流中氮的流失过程[J]. 生态环境学报，2001（1）：6-10.

黄滔. 以合同环境服务创新推动农村畜禽养殖面源污染治理[J]. 环境保护，2013，41（21）：46-47.

黄志霖，田耀武，肖文发，等. 三峡库区典型小流域非点源污染研究——基于 GIS 与 AnnAGNPS 模型[M]. 北京：中国环境科学出版社，2012.

金书秦，杜珉，魏珣，等. 棉花种植的环境影响及可持续发展建议[J]. 中国农业科技导报，2011，13（6）：110-117.

金书秦，杜珉. 棉农的农药使用行为及政策建议——基于河北曲周的跟踪性调查[J]. 中国棉花，2013，40（5）：1-4.

金书秦，韩冬梅. 我国农村环境保护四十年：问题演进、政策应对及机构变迁[J]. 南京工业大学学报（社会科学版），2015，14（2）：71-78.

金书秦，沈贵银，刘宏斌，等. 农业面源污染治理的技术选择和制度安排[M]. 北京：中国社会科学出版社，2017.

荆元强，宋恩亮，成海建，等. 饲粮蛋白质水平和棉籽粕取代豆粕对肉牛育肥的影响[J]. 动物营养学报，2012，24（6）：1062-1068.

赖格英，吴敦银，钟业喜，等. SWAT 模型的开发与应用进展[J]. 河海大学学报（自然科学版），2012，40（3）：243-251.

赖斯芸，杜鹏飞，陈吉宁. 基于单元分析的非点源污染调查评估方法[J]. 清华大学学报（自然科学版），2004（9）：1184-1187.

雷俊华，苏时鹏，余文梦，等. 中国省域化肥面源污染时空格局演变与分组预测[J]. 中国生态农业学报（中英文），2020，28（7）：1079-1092.

雷孝章，陈季明，赵文谦. 森林对非点源污染的调控研究[J]. 重庆环境科学，2000（2）：41-44，53.

黎建强，张洪江，程金花，等. 长江上游不同植物篱系统的土壤物理性质[J]. 应用生态学报，2011，22（2）：418-424.

李彬，吕锡武，宁平，等. 河口前置库技术在面源污染控制中的研究进展[J]. 水处理技术，2008，34（9）：

1-6.

李国学，王砚田. 都市农业及其环境保护[J]. 生态农业研究，1999，7（4）：78-81.

李怀恩，邓娜，杨寅群，等. 植被过滤带对地表径流中污染物的净化效果[J]. 农业工程学报，2010，26（7）：81-86.

李怀恩，张亚平，蔡明，等. 植被过滤带的定量计算方法[J]. 生态学杂志，2006，25（1）：108-112.

李怀恩. 水文模型在非点源污染研究中的应用[J]. 陕西水利，1987（3）：18-23.

李建国. 畜牧学概论[M]. 北京：中国农业出版社，2002.

李建华，于兴修，刘前进，等. 沂蒙山区坡耕花生地垄间植草对土壤理化性质的影响[J]. 水土保持学报，2012，26（5）：108-117.

李苗苗. 植被覆盖度的遥感估算方法研究[D]. 北京：中国科学院研究生院（遥感应用研究所），2003.

李荣刚，夏源陵，吴安之，等. 江苏太湖地区水污染物及其向水体的排放量[J]. 湖泊科学，2000，12（2）：147-153.

李淑芹，胡玖坤. 畜禽粪便污染及治理技术[J]. 可再生能源，2003（1）：21-23.

李艳霞，刘姝芳，张雪莲，等. 我国直辖市畜禽养殖排放类固醇激素特征及其潜在污染风险[J]. 环境科学学报，2013，33（8）：2314-2323.

李玉华. 基于 SWAT 模型的三峡库区径流模拟研究[D]. 重庆：西南大学，2010.

李兆富，杨桂山，李恒鹏. 基于改进输出系数模型的流域营养盐输出估算[J]. 环境科学，2009，30（3）：668-672.

李智. 农村生活污水土地渗滤处理技术的引进[D]. 天津：天津大学，2012.

里昂德·伯顿，克里斯·库克林. 新西兰水资源管理与环境政策改革[J]. 外国法译评，1998，4：22-31.

梁涛，王红萍，张秀梅，等. 官厅水库周边不同土地利用方式下氮、磷非点源污染模拟研究[J]. 环境科学学报，2005（4）：483-490.

廖青，韦广泼，江泽普，等. 畜禽粪便资源化利用研究进展[J]. 南方农业学报，2013，44（2）：338-343.

林源，马骥，秦富. 中国畜禽粪便资源结构分布及发展展望[J]. 中国农学通报，2012，28（32）：1-5.

刘秉正，李光录，吴发启，等. 黄土高原南部土壤养分流失规律[J]. 水土保持学报，1995（2）：77-86.

刘方，黄昌勇，何腾兵，等. 黄壤旱坡地梯化对土壤磷素流失的影响[J]. 水土保持学报，2001（4）：75-78.

刘光德，李其林，黄昀. 三峡库区面源污染现状与对策研究[J]. 长江流域资源与环境，2003，12（5）：462-466.

刘光栋，吴文良，彭光华. 华北高产农区公众对农业面源污染的环境保护意识及支付意愿调查[J]. 生态与农村环境学报，2004，20（2）：41-45.

刘连生，朱洪涛，孟凡刚. 利用牛粪生产生物有机肥试验研究[J]. 科协论坛（下半月），2008（10）：74.

刘培芳，陈振楼，许世远，等. 长江三角洲城郊畜禽粪便的污染负荷及其防治对策[J]. 长江流域资源与环境，2002，11（5）：456-460.

刘沛松，李军，贾志宽，等. 不同草田轮作模式对土壤养分动态的影响[J]. 水土保持通报，2012，32（3）：81-122.

刘世平，张洪程，戴其根，等. 免耕套种与秸秆还田对农田生态环境及小麦生长影响[J]. 应用生态学报，2005，16（2）：393-396.

刘艳琴，江富华. 降低养禽业中磷污染的措施[J]. 家畜生态，2001，22（1）：48-51.

刘连生，朱洪涛，孟凡刚. 利用牛粪生产生物有机肥试验研究[J]. 科协论坛（下半月），2008（10）：74.

罗春燕，涂仕华，庞良玉，等. 降雨强度对紫色土坡耕地养分流失的影响[J]. 水土保持学报，2009，23（4）：24-27.

吕明权，吴胜军，温兆飞，等. 基于 SCS-CN 与 MUSLE 模型的三峡库区小流域侵蚀产沙模拟[J]. 长江流域资源与环境，2015，24（5）：860-867.

马林，王方浩，马文奇，等. 中国东北地区中长期畜禽粪尿资源与污染潜势估算[J]. 农业工程学报，2006，22（8）：170-174.

马啸. 三峡库区湖北段污染负荷分析及时空分布研究[D]. 武汉：武汉理工大学，2012.

毛薇，吴画斌. 规模化畜禽养殖废弃物循环利用模式及实施路径[J]. 中国畜牧杂志，2016，52（6）：71-74.

毛一波. 美国的畜牧业[J]. 浙江畜牧兽医，2000（1）：44-45.

孟岑，李裕元，许晓光，等. 亚热带流域氮磷排放与养殖业环境承载力实例研究[J]. 环境科学学报，2013，33（2）：635-643.

孟庆华，杨林章. 三峡库区不同土地利用方式的养分流失研究[J]. 生态学报，2000（6）：1028-1033.

倪九派，傅涛，何丙辉，等. 三峡库区小流域土地资源优化利用模式的研究[J]. 农业工程学报，2002（6）：182-185.

倪九派. 三峡库区小流域水土流失预测评价与生态环境调控[D]. 重庆：西南农业大学，2002.

潘世兵，曹利平，张建立. 中国水质管理的现状、问题及挑战[J]. 水资源保护，2005（2）：59-62.

彭建，王仰麟，张源，等. 土地利用分类对景观格局指数的影响[J]. 地理学报，2006，61（2）：157-168.

彭里. 重庆市畜禽粪便的土壤适宜负荷量及排放时空分布研究[D]. 重庆：西南大学，2009.

彭绪亚，张鹏，贾传兴，等. 重庆三峡库区农村生活污水排放特征及影响因素分析[J]. 农业环境科学学报，2010，29（4）：758-763.

蒲昌化，万崇东，张乃华，等. 三峡重庆库区农村户用沼气建设项目经济效益比较分析[J]. 现代农业，2008（8）：41-43.

蒲玉琳. 植物篱—农作模式控制坡耕地氮磷流失效应及综合生态效益评价[D]. 重庆：西南大学，2013.

蒲玉琳，谢德体，丁恩俊. 坡地植物篱技术的效益及其评价研究综述[J]. 土壤，2012，44（3）：374-380.

秦安平. 植物篱技术在南方坡耕地治理中的推广应用[J]. 中国水利，2009（12）：47-48.

秦明海，高大水，操家顺，等. 三峡库区开县消落区水环境治理水位调节坝设计[J]. 人民长江，2012（23）：75-77，100.

曲久辉. 农村水环境综合治理的标准与模式[EB/OL]. [2019-01-10]. http://www.h2o-china.com/news/286155.html.

全为民，严力蛟. 农业面源污染对水体富营养化的影响及其防治措施[J]. 生态学报，2002，22（3）：291-299.

邵辉，高建恩，Baffaut C，等. 基于 SWAT 模型新开发梯田模块的中国南方红壤区梯田水沙及养分流失模拟[J]. 西北农林科技大学学报（自然科学版），2014，42（5）：147-156.

申小波，陈传胜，张章，等. 不同宽度模拟植被过滤带对农田径流、泥沙以及氮磷的拦截效果[J]. 农业环境科学学报，2014，33（4）：721-729.

舒冬妮. 南水北调东线山东段防治农业面源污染农业生态工程建设[J]. 农业环境与发展，2003（6）：21-23.

宋官勇. 三峡库区分散型村落生活污水处理模式与技术研究[D]. 重庆：西南大学，2013.

宋泽芬，王克勤，杨云华，等. 澄江尖山河小流域不同土地利用类型面源污染输出特征[J]. 水土保持学报，2008（2）：98-101，158.

苏杨，马宙宙. 我国农村现代化进程中的环境污染问题及对策研究[J]. 中国人口·资源与环境，2006（2）：12-18.

苏跃，刘方，李航，等. 喀斯特山区不同土地利用方式下土壤质量变化及其对水环境的影响[J]. 水土保持学报，2008（1）：65-68.

孙传旺，罗源，姚昕. 交通基础设施与城市空气污染——来自中国的经验证据[J]. 经济研究，2019，54（8）：136-151.

孙辉，唐亚，谢嘉穗. 植物篱种植模式及其在中国的研究和应用[J]. 水土保持学报，2004，18（2）：114-117.

孙平，周源伟，华新，等. 三峡库区面源污染防控 BMPS 框架体系研究[J]. 水生态学杂志，2017，38（1）：54-58.

孙棋棋，张春平，于兴修，等. 中国农业面源污染最佳管理措施研究进展[J]. 生态学杂志，2013（3）：772-778.

孙长安. 香溪河流域土地利用与水土流失的关系研究[D]. 北京：北京林业大学，2008.

唐春霞. "大横坡+小顺坡"耕作技术水土保持效益研究[D]. 重庆：西南大学，2011.

童笑笑，陈春娣，吴胜军，等. 三峡库区澎溪河消落带植物群落分布格局及生境影响[J]. 生态学报，2018，38（2）：571-580.

王百群，刘国彬. 黄土丘陵区地形对坡地土壤养分流失的影响[J]. 土壤侵蚀与水土保持学报，1999（2）：3-5.

王方浩，马文奇，窦争霞，等. 中国畜禽粪便产生量估算及环境效应[J]. 中国环境科学，2006，26（5）：614-617.

王洪臣，探索农村污水治理的中国之路——浅议农村污水治理设施的规划、建设与管理[J]. 给水排水，2018，44（5）：1-3.

王静，郭熙盛，王允青，等. 巢湖流域不同耕作和施肥方式下农田养分径流流失特征[J]. 水土保持学报，2012，26（1）：6-11.

王俊勋. "农村非点源污染控制与管理研究"考察报告[J]. 中国家禽，2003（23）：4-7.

王丽婧，郑丙辉，李子成. 三峡库区及上游流域面源污染特征与防治策略[J]. 长江流域资源与环境，2009，18（8）：783-788.

王良民，王彦辉. 植被过滤带的研究和应用进展[J]. 应用生态学报，2008，19（9）：2074-2080.

王萌，王敬贤，刘云，等. 湖北省三峡库区 1991—2014 年农业非点源氮磷污染负荷分析[J]. 农业环境科学学报，2018（2）：294-301.

王敏，黄宇驰，吴建强. 植被缓冲带径流渗流水量分配及氮磷污染物去除定量化研究[J]. 环境科学，2010，31（11）：2607-2612.

王明珠，尹瑞龄. 红壤丘陵区生态农业模式研究[J]. 生态学报，1998（6）：3-5.

王世岩，杨永兴，杨波. 我国湿地农业可持续发展模式探析[J]. 中国生态农业学报，2005（2）：176-178.

王甜甜，程波，冯雪莲，等. 华北地区典型区域畜禽养殖环境承载力综合评价研究——以滨州市为例[J]. 农业环境与发展，2012（3）：37-41.

王万忠，焦菊英. 黄土高原坡面降雨产流产沙过程变化的统计分析[J]. 水土保持通报，1996（5）：21-28.

王文章，程艳，敖天其，等. 基于 SWAT 模型的古蔺河流域面源污染模拟研究[J]. 中国农村水利水电，

2018（10）：32-36，42.

王晓燕，高焕文，李洪文，等. 保护性耕作对农田地表径流与土壤水蚀影响的试验研究[J]. 农业工程学报，2000，16（3）：66-69.

王晓燕. 流域非点源污染过程机理与控制管理——以北京密云水库流域为例[M]. 北京：科学出版社，2011.

王新谋. 家畜粪便学[M]. 上海：上海交通大学出版社，1999.

温兆飞，吴胜军，陈吉龙，等. 辐射特征支撑下的城市高分影像阴影校正[J]. 遥感学报，2016，20（1）：138-148.

温兆飞，吴胜军，陈吉龙，等. 三峡库区农田面源污染典型区域制图及其研究现状评价[J]. 长江流域资源与环境，2014，23（12）：1684-1692.

温兆飞，张树清，吴胜军，等. Hyperion 波段模拟的宽波段遥感影像一致性评价[J]. 遥感学报，2013，17（6）：1533-1545.

伍培，陈一辉，张勤，等. 三峡库区小城镇污水处理工艺现状调查[J]. 环境工程，2011（3）：40-43.

夏青，庄大邦，廖庆宜，等. 计算非点源污染负荷的流域模型[J]. 中国环境科学，1985（4）：23-30.

肖新成，何丙辉，倪九派，等. 三峡生态屏障区农业面源污染的排放效率及其影响因素[J]. 中国人口·资源与环境，2014，24（11）：60-68.

谢德体. 三峡库区农业面源污染防控技术研究[M]. 北京：科学出版社，2014.

徐谦，朱桂珍，向俐云. 北京市规模化畜禽养殖厂污染调查与防治对策研究[J]. 农村生态环境，2002，18（2）：24-28.

严冬春，龙翼，史忠林. 长江上游陡坡耕地"大横坡＋小顺坡"耕作模式[J]. 中国水土保持，2010（10）：8-9.

杨兵. 三峡前置库汉丰湖试运行年水环境变化特征及控制效果评估[D]. 重庆：西南大学，2017.

杨杉，吴胜军，蔡延江，等. 硝态氮异化还原机制及其主导因素研究进展[J]. 生态学报，2016a，36（5）：1224-1232.

杨杉，吴胜军，周文佐，等. 三峡库区典型土壤酸碱缓冲性能及其影响因素研究[J]. 长江流域资源与环境，2016b，25（1）：163-170.

杨淑静，张爱平，杨正礼，等. 宁夏灌区农业非点源污染负荷估算方法初探[J]. 中国农业科学，2009，42（11）：3947-3955.

杨文龙，杨树华. 滇池流域非点源污染控制区划研究[J]. 湖泊科学，1998，10（3）：55-60.

杨晓英，李纪华，李因梁，等. 常驻农民水污染控制意识的地域比较影响因素及政策涵义[J]. 环境污染与防治，2012，34（10）：88-94.

杨泽霖，张利宇. 我国肉牛产业发展现状及建议[J]. 中国畜牧杂志，2010，48（8）：5-9.

杨自立，赵瑾，邵锦香. 耕地的畜禽粪尿肥分负荷量及其折算方法[C]. 中国畜牧兽医学会家畜生态学分会第七届全国代表大会暨学术研讨会论文集，2008.

姚来银，许朝晖. 养猪废水氮磷污染及其深度脱氮除磷技术探讨[J]. 中国沼气，2003，21（1）：28-29.

尹澄清，毛战坡. 用生态工程技术控制农村非点源水污染[J]. 应用生态学报，2002，13（2）：229-232.

尹芳，张无敌，赵兴玲，等. 农业面源污染对农业可持续发展影响分析[J]. 灾害学，2018，33（2）：151-153.

尹刚，王宁，袁星，等. 基于 SWAT 模型的图们江流域氮磷营养物非点源污染研究[J]. 农业环境科学学报，2011，30（4）：704-710.

余楚，孙自永，周爱国. 三峡库区张家冲小流域降雨径流模拟[J]. 水土保持通报，2012（3）：178-181.

喻永红，张巨勇. 农户采用水稻 IPM 技术的意愿及其影响因素——基于湖北省的调查数据[J]. 中国农村
    经济，2009，000（11）：77-86.

袁东海，王兆赛，陈欣，等. 不同农作方式红壤坡耕地上土壤氮素流失特征[J]. 应用生态学报，2002，13（7）：
    863- 866.

袁珍丽，木志坚. 三峡库区典型农业小流域氮磷排放负荷研究[J]. 人民长江，2010，41（14）：94-98.

曾永刚. 人工湿地对微污染水中污染物去除特征研巧[D]. 重庆：重庆大学，2010.

曾远，张永春，张龙江，等. GIS 支持下 AGNPS 模型在太湖流域典型圩区的应用[J]. 农业环境科学学报，
    2006（3）：761-765.

张宏华. 重庆渝北区御临河流域农业面源污染研究[D]. 重庆：重庆大学，2003.

张会宁，于鑫，魏博，等. 隐孢子虫和贾第鞭毛虫的危害及其控制技术[J]. 环境科学与技术，2011（12）：
    135-140.

张克强，高怀有. 畜禽养殖业污染物处理与处置[M]. 北京：化学工业出版社，2004.

张利国. 垂直协作方式对水稻种植农户化肥施用行为影响分析——基于江西省 189 户农户的调查数据[J].
    农业经济问题，2008（3）：50-54.

张仁锋. 河口前置库系统净化入滇池河水示范工程研究[D]. 昆明：昆明理工大学，2009.

张维理，武淑霞，冀宏杰，等. 中国农业面源污染形势估计及控制对策（Ⅰ）：21 世纪初期中国农业面
    源污染的形势估计[J]. 中国农业科学，2004，37（7）：1008-1017.

张蔚文. 农业非点源污染控制与管理[M]. 北京：科学出版社，2011.

张蔚文. 农业非点源污染控制与管理政策研究[D]. 杭州：浙江大学，2006.

张馨蔚，刘建敏，谢涛，等. 农村户用沼气发酵主要工艺参数的优选研究[J]. 中国沼气，2011（1）：55-58.

张怡，何丙辉，唐春霞. "大横坡+小顺坡" 耕作模式对氮及径流流失的影响[J]. 西南师范大学学报（自
    然科学版），2013，38（3）：107-112.

张玉斌，郑粉莉.AGNPS 模型及其应用[J]. 水土保持研究，2004（4）：124-127.

章明奎，李建国，边卓平. 农业非点源污染控制的最佳管理实践[J]. 浙江农业学报，2005（5）：244-250.

赵爱军. 小流域综合治理模式研究[D]. 武汉：华中农业大学，2005.

赵广. 紫色土坡耕地溶解态氮淋失的时空分布特性研究[D]. 重庆：重庆大学，2014.

赵俊杰. 面源污染控制的前置库生态系统的构建技术研究[D]. 南京：河海大学，2005.

赵亮，唐泽军. 聚丙烯酰胺调控地表氮素流失最佳管理措施研究[J]. 水土保持学报，2011，25（2）：48-51.

赵人俊. 流域水文模拟：新安江模型与陕北模型[M]. 北京：水利电力出版社，1984.

赵双双. 前置库及半透水坝的结构设计研究[D]. 广州：华南理工大学，2011.

赵馨馨，杨春，韩振. 我国畜禽粪污资源化利用模式研究进展[J]. 黑龙江畜牧兽医，2019（4）：4-7，
    13.

赵中华. 基于 AnnAGNPS 模型的桃江流域农业非点源污染研究[D]. 南昌：南昌大学，2012.

郑丙辉，王丽婧，龚斌. 三峡水库上游河流入库面源污染负荷研究[J]. 环境科学研究，2009，22（2）：125-131.

郑丙辉. 流域非点源污染负荷模型及对湖泊生态环境影响的研究[D]. 成都：四川联合大学，1997.

郑微微，沈贵银，李冉. 畜禽粪便资源化利用现状、问题及对策——基于江苏省的调研[J]. 现代经济探

讨，2017（2）：57-61，82.

郑伟，邓晓莉，崔俊，等. 重庆市农村生活污水处理经济适用技术探讨[J]. 三峡环境与生态，2011（2）：43-46.

郑文娟. 面向对象的遥感影像模糊分类方法研究[J]. 北京测绘，2009（3）：18-21，68.

中国人民大学. 三峡库区生态屏障区面源污染防控关键技术研究与示范[R]. 2016.

钟建兵，邵景安，杨玉竹. 三峡库区（重庆段）种植业污染负荷空间分布特征[J]. 环境科学学报，2015，35（7）：2150-2159.

周慧平，高超，朱晓东. 关键源区识别：农业非点源污染控制方法[J]. 生态学报，2005（12）：3368-3374.

周源伟. 三峡水库生态屏障区农村生活污水处理工艺优选研究[D]. 南京：南京大学，2016.

周月敏. 面向小流域管理的水土保持遥感监测方法研究[D]. 北京：中国科学院研究生院（遥感应用研究所），2005.

朱平. 人工湿地-稳定塘组合生态系统对污染水体的处理[D]. 南昌：华东交通大学，2014.

朱太涛，崔理华，林伟仲. 垂直流—水平潜流一体化人工湿地对菜地废水的净化效果[J]. 农业环境科学学报，2012，31（1）：166-171.

朱兆良. 农田中氮肥的损失与对策[J]. 土壤与环境，2000，9（1）：1-6.

邹桂红，崔建勇. 基于 AnnAGNPS 模型的农业非点源污染模拟[J]. 农业工程学报，2007，23（12）：11-17.

邹曦，郑志伟，万骥，等. 三峡库区生活污水处理厂建设运行现状及对策[J]. 环境科学与技术，2014，37（120）：422-427.